中老年人学

手机、相机摄影
从入门到精通

构图君
编著

清华大学出版社
北京

内 容 简 介

本书由具有 20 多年拍摄经验的摄影行家做技巧的分享。

全书分为手机相机篇 + 构图技巧篇 + 光影颜色篇 + 专题实战篇。

书中安排了 108 个知识点,从摄影基础知识及拍摄器材讲起,详细讲解原理、用光、色彩、构图等摄影知识,并以大量拍摄实例介绍风光题材、人像题材、旅游题材等,帮助中老年朋友精通手机摄影、单反相机摄影。

本书采用了大的字号和图解剖析,图文醒目,讲解轻松灵活。本书既适合从未接触过摄影和刚开始学习摄影的中老年朋友,同时也适合想丰富业余生活的中老年朋友阅读和使用,还可作为老年大学的摄影培训教材。

本书封面贴有清华大学出版社防伪标签,无标签者不得销售。

版权所有,侵权必究。侵权举报电话:010-62782989 13701121933

图书在版编目(CIP)数据

中老年人学手机、相机摄影从入门到精通 / 构图君编著. —北京:清华大学出版社,2019

ISBN 978-7-302-52514-1

Ⅰ. ①中… Ⅱ. ①构… Ⅲ. ①移动电话机—摄影艺术—中老年读物 ②数字照相机—摄影技术—中老年读物 Ⅳ. ①J41 ②TN929.53 ③TB86

中国版本图书馆CIP数据核字(2019)第043721号

责任编辑:杨作梅
装帧设计:杨玉兰
责任校对:吴春华
责任印制:丛怀宇
出版发行:清华大学出版社

    网 址:http://www.tup.com.cn, http://www.wqbook.com
    地 址:北京清华大学学研大厦A座   邮 编:100084
    社 总 机:010-62770175   邮 购:010-62786544
    投稿与读者服务:010-62776969, c-service@tup.tsinghua.edu.cn
    质量反馈:010-62772015, zhiliang@tup.tsinghua.edu.cn

印 装 者:三河市铭诚印务有限公司
经 销:全国新华书店
开 本:170mm×240mm 印 张:22.25 字 数:430千字
版 次:2019年5月第1版 印 次:2019年5月第1次印刷
定 价:99.00元

产品编号:080009-01

前 言

随着人们生活水平和文化水平的提高，再加上数码摄影的普及，很多有闲暇时间的中老年朋友都热爱上了摄影，通过相机或手机来记录自己喜欢的活动和事物，创作摄影作品。对于中老年朋友们来说，学会摄影有很多益处，可以增长见识、拓宽视野、培养兴趣、强身健体、活跃思维以及扩大社交圈等。

当然，摄影和拍照不同，并不是一件简单的事情，那么，中老年朋友们该如何提升自己的摄影水平呢？我曾经说过，这个世界，要想活得更好，必须靠两点：要么你做得更好，要么你做出不同。更好代表了你的优异，能超越别人！不同代表了你的差异，你的唯一性！

其实，对于中老年朋友们学习摄影来说，道理也是一样的，先练好摄影的基本功，如手机和相机的基本用法、摄影的常用原理、构图的技巧、光影和色彩的搭配以及各种题材的拍法和后期处理技巧等，这样在拍摄时就可以根据内容的特色和亮点，匹配最合适的设备、参数、构图、光影、色彩和后期处理。

本书具有"字大图大、版式精美、讲解清晰、阅读轻松"的特点。在内容写作上没有晦涩难懂的专业语言和概念，知识讲解平铺直叙、浅显易懂；在内容安排上不追求面面俱到，只求实用、常用，力求达到让广大中老年朋友"一看就懂，一学就会；老有所学，老有所乐"的目的。

本书由构图君编著，具体参与编写的人员还有苏高、刘胜璋、刘向东、刘松异、刘伟、卢博、周旭阳、袁淑敏、谭中阳、杨端阳、李四华、王力建、周玉姣、柏承能、刘桂花、谭贤、谭俊杰、徐茜、刘嫔、柏慧等人，在此表示感谢。

同时感谢提供精美照片的优秀的摄影师们：徐必文、黄建波、王甜康、罗健飞、谭建民、王群、谭文彪、刘伟、颜信、卢博、黄海艺、包超锋、严茂钧、黄玉洁、彭爽、杨婷婷、高彪等，以及公众号的广大摄影者。

由于作者知识水平有限，书中难免有疏漏之处，恳请广大读者批评、指正。

编 者

目录

【构图技巧篇】

第4章 **构图基础，提高中老年人的构图修养** 99

手机相机篇

第1章

老有所乐，
便捷的手机拍照愉悦身心

　　手机虽然没有传统相机那种庄重感、仪式感，但正是因为手机不具有这种仪式感，才有了更多的可能和发现。手机也能拍摄出伟大的作品，这个时代，也一定会产生一些手机摄影大师。当然，中老年朋友们要达到摄影大师的水平，首先要掌握手机摄影的必备技能。

不会用手机拍摄？学会手机快门的 5 种使用方法

大部分人在用手机拍照时，通常是通过点击手机相机中的快门按钮进行拍摄，即使你下手再轻，也会产生轻微的抖动，影响作品画质。其实，除了这种快门使用方法外，手机还有很多按快门的方法。掌握这些方法可以帮助中老年朋友们避免抖动产生模糊，获得画质更佳的手机摄影作品。

1 　　　　　　　　　　　　　　　　　　　　　　　　　　**定时拍摄**

如果你的手机没有一些高级功能，那么我相信延时或者定时拍摄功能至少会有。定时拍摄模式一般有 2 秒、5 秒和 10 秒等多种定时模式，在拍摄合影而又没有旁人可以帮忙时经常会用到这种模式，如图 1-1 所示。

> 在室内进行拍摄时通常可以选择 2 秒定时，而在户外进行风景拍摄时则可以选择 10 秒定时，5 秒定时则兼具两者的特点，中老年朋友们可以根据实际情况来选择。

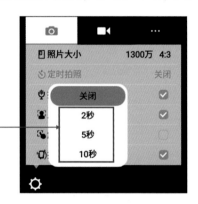

▲ 图 1-1　定时拍摄设置

按下手机相机的快门键或机身侧面的音量键即可启动定时拍摄程序。此时，手机会通过声音计时进行提示，计时完毕即意味着拍摄成功。

在用手机拍摄时请注意：①延时、定时自拍法的关键点也在于将手机固定好，中老年朋友们可以找一些比较高的摆放点，让手机能够获得更佳的自拍取景角度。

②在固定时，也可以借助手机八爪鱼三脚架或者卡扣式手机支架，将手机缠绕在树枝、栏杆甚至童车扶手等地方，可以随时随地发挥超凡创意，如图 1-2 所示。

◀ 图 1-2 使用八爪鱼
三脚架固定手机

专家提醒

在定时拍摄时，中老年朋友们也可以打开手机的连拍功能，而且现在很多手机都具有急速连拍模式。选择急速连拍模式后，按住快门键后相机会在短时间内自动高速连拍多张照片，并在完成拍摄以后自动选择出最佳照片。

○ 2 遥控快门

手机遥控快门通常以蓝牙的方式进行连接，打开手机蓝牙，搜索蓝牙设备，自拍杆会自动和手机进行配对并连接，蓝牙快门可以将手机的快门键分离出来，从而有效减少抖动问题。

手机遥控快门简单、便携、实用且时尚，可以帮助中老年朋友们更好地进行自拍，以及拍摄一些特殊的画面，如图1-3所示。手机与遥控快门配对后，即开即拍，可以避免手抖、高举双手、难以对焦等问题。

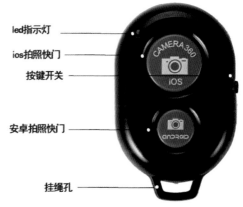

led指示灯
ios拍照快门
按键开关
安卓拍照快门
挂绳孔

▲ 图 1-3 手机遥控快门的基本按键说明

3 　　　　　　　　　　　　　　　　　　　　　　　　　　单击音量键拍照

　　在手机比较稳固的情况下，中老年朋友们可以将手机的音量键设置为快门，大部分安卓和苹果手机都支持该功能，也可以有效减少抖动。以安卓手机为例，打开手机的设置菜单，❶找到"单击音量键"选项；❷点击后在打开的菜单中选择"拍照"选项，即可将音量键设置为快门，如图 1-4 所示。

▲ 图 1-4 设置单击音量键拍照

4 　　　　　　　　　　　　　　　　　　　　　　　　　　人脸 / 笑脸识别

　　人脸 / 笑脸识别是一种自动快门模式，开启这种模式后，手机相机只要识别到稳定的人脸或者笑脸画面，即会自动按下快门，拍摄照片，如图 1-5 所示。启用人脸识别或者笑脸模式后，手机摄像头会自动识别人物的面部，完成自动对焦操作，并尽可能地防止面部失焦情况的发生，而且色彩和细节更加真实。

　　人脸识别已成为各种拍照手机的一个卖点，在用手机拍照时，镜头会优先对画面中的人脸进行自动对焦，锁定画面中的人脸位置，并自动将人脸作为拍摄的主体，设置准确的焦距和曝光量，因此您只需面对手机镜头，即可轻松拍下自己的照片。

◀ 图 1-5　开启人脸
识别拍摄模式

○ 5　　　　　　　　　　　　　　　　　　　　　　**声控拍照**

使用具有声控拍照功能的手机，用户可以不必再依靠手机上的各种快门
按钮，同时也可以使用后置摄像头进行自拍。

以中兴手机为例，❶在手机相机的设置中选择启用"拍照声控"功能；

❷在自拍时只需喊出
"拍照"或"茄子"
等口令，手机相机会
自动倒计时 3 秒按下
快门。利用声控快门，
自拍时可以完全解放
双手，在喊出自拍口
令后，摆出各种比较
随性的造型，手机可
马上抓住这个瞬间，
如图 1-6 所示。

▲ 图 1-6　开启声控拍照模式

1.2 尺寸太小？首先设置照片大小和像素

不同的手机，分辨率设置的方法也不尽相同，但大都比较简单。手机不同，分辨率这个选项的名称也有差别，例如，中兴手机相机的分辨率设置就叫"照片大小"，非常通俗易懂。

下面介绍设置分辨率的具体方法。

步骤 01 在手机桌面上找到相机应用，❶点击进入手机相机，在手机相机的左下角有一个齿轮形状的图标⚙，该图标是手机相机的设置图标；❷点击该设置图标，如图 1-7 所示。

▲ 图 1-7 打开手机相机，点击设置图标

步骤 02 执行操作后，弹出设置菜单，❶找到"照片大小"设置选项，可以看到目前的分辨率为"30 万 4：3"；❷点击该选项，在弹出的列表中将分辨率调整至最大，如"1300 万 4：3"，如图 1-8 所示。分辨率选项前面的数值越大，表示拍出的照片像素越高，也就越清晰。

▲ 图 1-8 设置手机相机的拍摄分辨率参数

　　如果想要获得高清画质，手机相机的分辨率当然是调得越高越好，不过前提是手机有足够的内存空间。**分辨率设置得越大，获得的照片像素也就越高，照片的视觉效果也就越好，而且高分辨率拍出来的照片后期创作空间也更大。**

专家提醒

　　我曾经在京东直播《摄影大咖教你用手机拍大片》中，与广大手机摄友交流过，手机能否拍出大片，手机的好与差是其次，最主要的是摄影知识的有与无、深与浅。这里的摄影知识当然也包括对手机摄影功能的了解和充分应用，比如说分辨率。因此，要想拍出大片，第一步，尽量用最大分辨率、最大像素以及最大尺寸去拍，这样能保证照片的高清程度。每款不同品牌的手机，分辨率设置会略有不同，大家应去摸索一下自己手机分辨率的设置。如图 1-9 所示，为华为 P9 的分辨率设置。

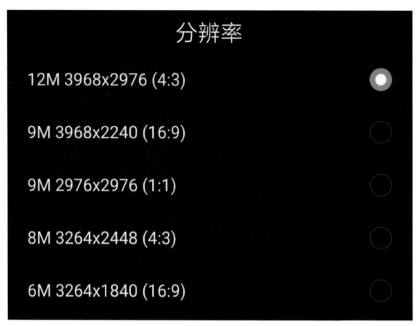

▲ 图 1-9 华为 P9 的分辨率设置

专家提醒

　　大家可以看到，最小分辨率的容量为 6M（3264×1840），而最大分辨的容量翻了一倍，为 12M（3968×2976），照片的清晰度最大。

　　只有保证了照片的最大容量、最大像素和最大清晰度，拍出单反级的大片来，才有机会进行二次构图，获得更多更好的照片，想了解二次构图的摄友可以加我微信（157075539）进行学习。

　　许多手机摄友拍摄的照片，放在手机里看很清晰很漂亮，但复制到电脑中或电视机上一看，是模糊的、虚的，主要原因就是分辨率达不到要求。因此，拍摄时应设置最大的分辨率，以保证你拍摄的照片是最高清的，是最大图！

照片对不正？打开相机的构图辅助线

1.3

手机照片的整体构图基本就可以决定这张照片的好坏。在同样的色彩、影调和清晰度条件下，构图更好的照片其美感也会更高。因此，中老年朋友们在使用手机拍照时，可以充分利用手机相机内的"构图辅助线"功能，更好地进行构图，获得更完美的画面比例。

以中兴手机为例：打开手机相机，进入 Pro 专业拍摄模式，点击底部的参考线按钮，可以看到有九宫格和黄金螺旋线等不同的构图辅助线，如图 1-10 所示。

▲ 图 1-10　选择构图辅助线

九宫格构图辅助线主要采用 3×3 平分的方式，将手机屏幕分成 9 个大小相等的格子，如图 1-11 所示。

九宫格构图辅助线可以使照片的结构更加平衡，增强画面意境，也可以纠正拍照者的拍摄角度，从而保证手机镜头中某些元素的水平或垂直。如图 1-12 所示，在拍摄这张照片时，选择了手机相机中的"九宫格"构图辅助线来调整手机的拍摄位置和角度，将水平线放置在九宫格的三分之一处，并将左下角的小船放置在交叉点上，不至于让最终的照片出现失衡的现象。

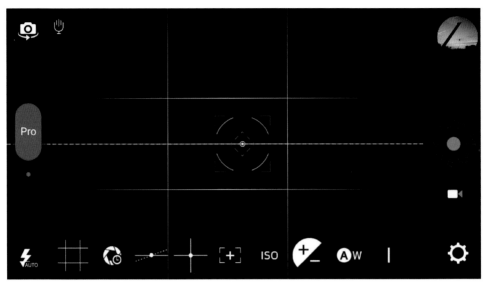

▲ 图 1-11 九宫格构图辅助线

▲ 图 1-12 九宫格构图辅助线拍摄效果

如图 1-13 所示，在拍摄时将太阳放置在黄金螺旋线的焦点上，让主体更加突出，不仅太阳的形状更为明朗，而且会让整体的晚霞颜色变得更美，更有气氛和意境。

◀ 图 1-13 使用黄金螺
旋线辅助构图

专家提醒

很多初学摄影的中老年朋友都说，自己拍的照片，构图不好看，我想说的是，大家有没有巧用这些参考线？九宫格、黄金比例、左螺旋、右螺旋。

估计很多中老年朋友都没有去做设置和选择，通常都是用默认的模式拍所有的东西，这样您怎么能拍出不一样的大片呢？如图 1-14 所示，为华为 P9 手机的构图参考线，大家去摸索一下自己手机的辅助线在哪，下次再拍时，将构图辅助线调出来，便可以直接拍出最佳比例的大片来。

安卓系统的手机相机里基本上都有"辅助线"或"参考线"设置、苹果系统的手机，在"照片与相机"界面里，有"网格"选项，如图 1-15 所示，开启后拍照时便直接会显示九宫格辅助线。如果手机相机里没有构图辅助线，您也可以下载带有该功能的拍照 APP，如相机 360 等。

俗话说，最好的相机，是我们的脑袋，因此要多学习摄影技术；最好的镜头，是我们的眼睛，因此要多培养"摄影之眼"，而运用构图辅助线便是培养"摄影之眼"最基本的功夫。

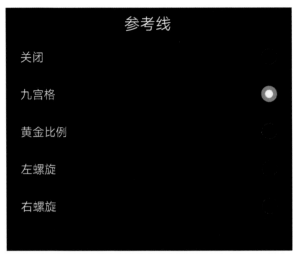

▲ 图 1-14 华为 P9 的构图参考线设置

▲ 图 1-15 苹果手机的网格设置

1.4 拍得模糊？掌握正确的手机持机姿势

很多中老年朋友在用手机拍照时，由于持机姿势不正确容易产生抖动，从而导致画面模糊。下面介绍一些稳定手机的拍照姿势和技巧，如图 1-16 所示。

（1）在对焦后避免摇动手机，建议不要使用屏幕上的快门按钮，否则在点击屏幕拍照的时候，难免会产生抖动。

（2）拍照时，将手肘放在一个稳定的平台上，减轻手部的压力，或者使用三脚架、八爪鱼或者手机云台等装备来固定手机，并配合无线快门来拍摄。

（3）千万不要只用两根手指夹手机，尤其在一些高的建筑、山区、湖面、河流等地方拍照，这样做手机非常容易掉下去。如果你一定要单手持机，最好紧紧握住手机；如果是两只手持机，则可以使用"夹住"的方式，这样更加稳固。

↑　正确的持机示例：横画幅构图拍摄，可以用双手夹住手机，从而保持稳定，获得清晰的画面

↑　错误的持机示例：左手横持手机，并且使用左手大拇指按快门，这样非常容易导致画面模糊

↑　正确的持机示例：竖画幅构图拍摄，可以用左手握住手机，然后用右手食指按快门，从而保持稳定

↑　错误的持机示例：右手单手竖持手机，并且使用右手大拇指按快门，这样拍摄很难得到清晰的画面

↑　正确的持机示例：竖画幅构图拍摄，可以用左手握住手机，然后用左手食指按下音量键以释放快门

↑　错误的持机示例：右手竖持手机，并且使用右手大拇指按下音量键以释放快门，容易产生晃动，导致画面模糊

▲ 图 1-16　各种手机持机姿势示例

1.5 照片发虚？九大对焦技巧一定要用对

一张照片是否清晰，对焦是最关键的一步。而要想准确对焦，必须对各种对焦模式有何特点，适合拍摄哪些题材，有何注意事项都有足够的了解，这样才能选择最符合手机拍摄需求的对焦模式，当然前提是需要您的手机支持。

1 　　　　　　　　　　　　　　　　　　　　　　　　　　　　　　　　**触摸对焦**

触摸对焦比较容易理解，就是用手指点击手机屏幕上想要对焦的地方，点击的地方就会变得更加清晰，而越远的地方则虚化效果越明显。如图 1-17 所示，选择触摸对焦模式，在拍摄时对准红色树叶进行对焦操作，此时可以非常清晰地显示树叶的细节，而远处的背景则会变得一片模糊。

▲ 图 1-17　使用触摸对焦拍摄照片

2 　　　　　　　　　　　　　　　　　　　　　　　　　　　　　　　　**手动对焦**

手动对焦模式也非常灵活，拍摄者可以拖动对准器自由控制画面的焦点，同时也可以拖动下面的拉杆，精确选择焦平面到镜头的距离，轻松控制画面的景深效果，如图 1-18 所示。用手机拍照时需注意，由于微距摄影的景深极浅，对焦点的精确度要求极高，因此手动对焦模式特别适合拍摄微距题材的照片。

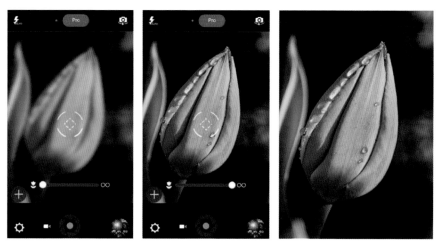

▲ 图 1-18 使用手动对焦拍摄照片

3 相位对焦（PDAF）

PDAF（Phase Detection Auto Focus）的中文解释为"相位检测自动对焦"（简称相位对焦），这种对焦技术目前已经广泛应用到数码相机领域，而且也逐渐应用于智能手机。例如，OPPO R7 和 vivo X5Pro 等手机就采用了相位对焦模式，可以极大地提升手机摄像头对焦的速度以及准确性。

例如，vivo X5Pro 模拟了人眼定焦的原理，能智能精准地识别并极速调整焦距，配合中置式马达，将实际对焦时间缩短在 200 毫秒之内，进而获得清晰的成像效果，如图 1-19 所示。

▲ 图 1-19 相位对焦（PDAF）以及拍摄效果

○ **4** Focus Pixel 对焦

Focus Pixel 这个词出自苹果市场营销高级副总裁 Phil Schiller，这项对焦技术最初是用在 iPhone 6/6 Plus 这两款机型上。例如，以前用 iPhone 在移动拍摄位置后就会变模糊，然后就需要重新对焦，而应用了 Focus Pixel 技术的苹果手机在移动拍摄位置后不会变模糊，这说明其对焦速度非常快，而且比较适合拍摄视频。

Focus Pixel 的原理与相位检测像素技术非常类似，再加上苹果优良的图像信号处理器，可以为传感器提供更多图像信息，带来更好更快的自动对焦效果，甚至在预览时就可一目了然，如图 1-20 所示。

▲ 图 1-20 Focus Pixel 对焦效果

○ **5** 激光对焦

激光对焦也是一种很好的主动式自动对焦技术，主要是在手机的镜头上安装一个微型激光发射器，通过激光技术来掌控拍摄对象的高度或者距离，从而提高对焦的速度和成功率，该技术最早出现在 LG G3 手机上。

如图 1-21 所示，为 LG G5 的拍照效果，该手机配备了激光对焦模块和色谱传感器，可以在对焦时发射出低强度脉冲激光，然后通过相机左侧的红外传感器回收信号，锁定最适合的焦点景深，在弱光的环境下仍能保持较快的对焦速度和丰富的色彩摄取。

▲ 图 1-21　激光对焦拍摄效果

红外对焦

　　红外对焦的技术原理与激光对焦类似，也就是将激光换成红外光，其速度是普通自动对焦技术的两倍以上。联想 Vibe Shot 和 GALAXY S6 等手机都加入了红外对焦功能。例如，联想 Vibe Shot 具有 1600 万像素的后置摄像头，配合红外辅助对焦和光学防抖，通过相机投射出的红外线作为发射信号，然后再通过感应器分析反射角度，得出相机与被摄物体的距离，完成对焦操作，对焦更快，成像更稳，如图 1-22 所示。

▶ 图 1-22　红外对焦拍
　　摄效果

7 　　　　　　　　　　　　　　　　　　　　　　　　　　　**双摄对焦**

　　如今，市场上的大部分智能手机采用双摄像头，对于拍照功能有很大的提升，用户可以先拍照，然后选择照片的焦点及光圈，从而获得类似光场相机的效果。双摄像头对焦的主要优势为：两个摄像头同时工作，其中一个负责摄取固定的景深效果，而另一个则完成对焦工作。另外，两个摄像头的曝光时间也不相同，可以得到效果更加生动的画面。

　　手机厂家通常会给两个摄像头设置不同的焦点，因此，在拍摄瞬间，两个摄像头就可以捕捉到不同的焦点和深度信息，这样一来，中老年朋友们就可以先拍摄，再选择焦点，让对焦更为轻松自如。如图 1-23 所示，为华为 Mate 10 Pro 的双摄功能。

▲ 图 1-23 华为 Mate 10 Pro 的双摄功能

8 　　　　　　　　　　　　　　　　　　　　　　　　　　　**反差对焦**

　　反差对焦可以说是各种手机对焦技术的基石，不管是前面提到的相位对焦还是激光对焦等技术，都是建立在内置反差对焦模块的基础上来完成的。反差对焦主要依靠检测环境对比度来实现自动对焦，其原理为：反差最小，则对焦最不清晰；反差最大，则对焦最清晰。当点击手机屏幕对焦时，反差对焦会有一个"最近焦距→最远焦距"的对焦过程，可以在其中找到画面最清晰、对比度最高的那个焦点，如图 1-24 所示。

↑ 取景时，手机镜头内的马达开始位移 ↑ 画面主体变清晰，代表对焦完成

▲ 图 1-24 反差对焦的过程

9 焦光分离

　　在用手机拍照时，支持焦光分离的手机其对焦和测光是可以分开操作的，测光用于控制曝光，可使画面产生明暗变化，对焦则能控制虚实，可使画面主体更加清晰。在触摸手机屏幕准备拍照时，触摸点会出现两个图标，其中方形图标是对焦框，而圆形图标是测光点，手指点击屏幕确认对焦点，然后可以拖动测光点，改变其位置，如图 1-25 所示。

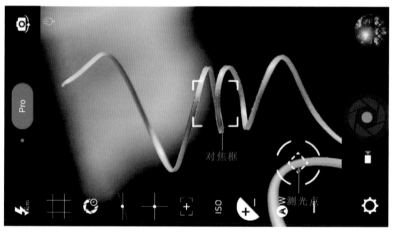

▲ 图 1-25 焦光分离操作

　　用手机拍照时需注意，①可以把对焦点放置在藤蔓主体上，让主体更加清晰，同时虚化背景；②然后可以将测光点移到右下角，从而获得更好的曝光效果。

照片不够美？试试其他的拍照 APP

手机摄影由于其便携性得到了快速的发展，各类型拍摄与处理 APP 也应运而生。下面主要介绍一些热门的拍照 APP，它们有的在拍照功能上下了很大功夫，有的能够在后期制作上获得特殊的拍摄效果。总之，一句话，这些拍照 APP 都靠自己独一无二的特点吸引人们下载使用。

1 **相机 360**

"相机 360"（Camera360）是一款功能强大的手机摄影软件，可以支持多种相机拍摄模式，能拍摄出不同风格和特效的照片。此外，还提供了丰富的特效滤镜。中老年朋友们在初次使用"相机 360"APP 前，可以进入"我的→相机设置"界面，设置照片分辨率（建议设置为"高"）、镜像、实时预览、快门键、保存路径、照片水印以及相关辅助设置等选项，以便于更好地拍照，如图 1-26 所示。

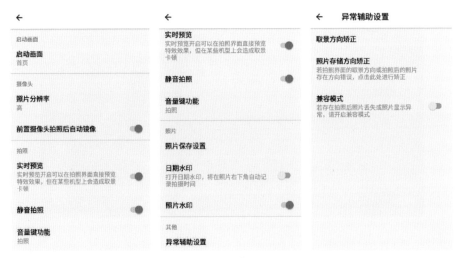

▲ 图 1-26 "相机 360"APP 的相机设置

如图 1-27 所示，为"相机 360"APP 的拍摄界面，值得一提的是，在拍摄时可以点击画面中的任何部位选择测光点，点击测光点旁边的太阳图标后，上下调整拉杆还可以调整画面的明暗。

在拍照界面，点击顶部的 ■■■ 按钮，底部会弹出一排功能按钮菜单，包括画幅、自动保存、触屏拍照、定时、闪光灯、暗角、虚化、夜拍、高级调整、网格构图、深度美肤以及设置功能。例如，点击"网格构图"按钮后，即可打开九宫格辅助线，该功能可以帮助中老年朋友更好更快地进行构图，如图 1-28 所示。

▲ 图 1-27 拍摄时的曝光控制

▲ 图 1-28 使用"网格构图"功能拍摄照片

另外，"相机 360"APP 还具有丰富的美颜、贴纸和滤镜等功能，可以帮助中老年朋友拍出不同风格的人像照片。"相机 360"APP 提供了 100 多款精彩滤镜，如自然美肤、清新丽人以及艺术黑白等，可以瞬间让中老年朋友变身摄影达人。

2 百度魔拍

百度魔拍是一款以智能美化为主的相机，功能简单实用，打开 APP 后即可进入拍照界面，在下方选择相应的镜头滤镜后，就可以开始拍摄了，如图 1-29 所示。

点击顶部的设置图标，在弹出的菜单中可以选择眨眼拍照、触屏拍照、延时 3 秒、自拍杆模式 / 连续拍照以及设置等选项，如图 1-30 所示。

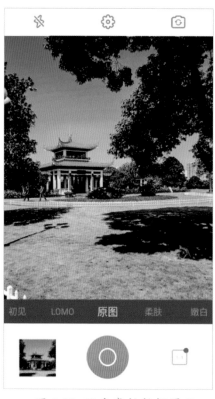

▲ 图 1-29 百度魔拍拍摄界面

▲ 图 1-30 百度魔拍设置菜单

3 　　　　　　　　　　　　　　　　　　　　　　　　　　　　　**水印相机**

　　水印相机最初是手机 QQ 空间中的一个小应用，用户在 QQ 空间分享照片时，可以通过这个应用为照片印上特色、心情、人像、地点、时间、天气以及美食等信息。选择水印并拍摄好照片后，还可以通过手机滑动屏幕中的预览区切换水印，选择一个最合适的即可，如图 1-31 所示。

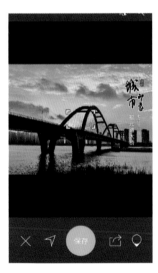

▲ 图 1-31　水印相机 APP 拍摄效果

　　水印相机的模板非常丰富，用户还可以去水印库中下载自己喜欢的水印类型，并根据现实场景的需要自由选择水印。

1.7 不会拍人？手机一拍即美可以很简单

　　当您准备拍摄美女、证件照或者自拍时，就可以选择手机的人像模式，该模式可以拍出具有柔和、自然肤质感的人像。例如，HUAWEI nova 2/nova 2 Plus 的前置摄像头为 2000 万像素，并且具备强大的人像模式。使用人像模式，手机会自动侦测人物的脸部区域，将其作为清晰的画面焦点，而对其他区域进行虚化处理。另外，人像模式还拥有美颜效果，即使处于复制的拍摄环境，手机也会快速锁定人脸，拍出更具艺术性的人像照片。使用人像模式基本上不用修图，就可以直接拍出背景虚化和妆容精致的人像照片，如图 1-32 所示。

▲ 图 1-32 HUAWEI nova 2/nova 2 Plus 的 "人像模式" 有背景虚化效果

专家提醒

　　使用人像模式来拍摄，手机会自动调大光圈以虚化背景，从而展现出浅景深效果，同时可对人物皮肤的色彩、色调、对比度或柔化效果进行优化处理，以突出人像主体。

　　当拍摄者使用人像模式拍摄时，如果被摄人物离背景比较远，此时相机会自动柔化背景细节，呈现出更强的层次感。

　　人像模式作为时下最流行的拍照模式，已经成为不少厂商力推的核心功能，如小米 6、华为 P10、OPPO R11、iPhone 7 Plus、一加 5、荣耀 9 等手机等都设置有人像模式，可以帮助用户轻松获得"美颜＋智能曝光＋背景虚化＋肤色调节"效果。

　　除了人像模式外，很多双摄手机也非常适合拍摄人像照片，如小米 6、一加 5、努比亚 Z17、荣耀 9 以及 LG V30 等，无一不都在强调大光圈／人像拍照模式，实现虚化效果，能让很多摄影新手拍出效果还不错的照片。如果您爱好手机摄影，比较注重手机拍照效果，那么，支持变焦双摄功能的手机将是一个不错的选择。

　　变焦双摄主要是指在手机上采用两枚摄像头，其镜头光圈、感光元件参数并不相同，一般主摄像头负责成像，而副摄像头协助完成景深探测，以及更多的焦距选择，发挥无损光学变焦的作用。通过双摄融合，可以产生接近无损变焦的效果，可在 1X~2X 连续变焦拍摄，2 倍以内的拍摄距离都清晰如故，如图 1-33 所示。

 没有变焦　　　　　　　　　　　　　　2X 变焦

▲ 图 1-33　双摄手机的变焦效果

　　例如，小米 6 主打变焦双摄，将一个广角镜头和一个 1200 万像素长焦镜头进行组合，不仅能够实现两倍光学变焦，而且具备人像模式，可以使被拍摄主题更为突出，画面更立体，如图 1-34 所示。另外，它还具备四轴光学防抖功能，支持 PDAF 相位对焦等，颇具看点。

◀图 1-34 小米 6 的虚化
力度很高，带来单反般
背景虚化效果

另外，具备柔光双摄功能的手机不但可以虚化背景、突出焦点，还可以更好地彰显出人物的气质，如甜美、丽质、可爱、端庄以及高雅等。另外，柔光双摄可以很好地处理那些杂乱的背景画面，加强画面层次感，得到媲美时尚大片的自拍效果。

例如，vivo X9 采用的就是前置双摄的设计，用 2000 万的记录成像，800 万的记录距离数据，从而在自拍时拍出虚化的人像图片。vivo X9 配备了柔光灯，而且还具有摄影棚打光的色温模式，在自拍时，可以获得更加柔和且不刺眼的光线。即使在弱光环境下，也可以获得均匀且光泽透亮的肤色效果，同时皮肤更加红润，如图 1-35 所示。

专家提醒

不同于"长焦＋广角镜头"的组合方案，有一些双摄手机采用的是"彩色摄像头＋黑白摄像头"的双摄组合方案：彩色摄像头主要用来收集色彩，而黑白摄像头则可以增加进光量，并且通过优秀的算法整合两个摄像头拍摄的照片，从而获得提亮画面、降低噪点的夜拍效果。

▲ 图 1-35 普通模式的拍摄效果（左图）与柔光双摄拍摄效果（右图）对比

不会拍视频？教您几招简单实用的技巧

1.8

随着智能手机和网络视频技术的发展，很多社会事件和生活情景都被人们随手拍摄和记录下来。对于热爱手机摄影的中老年朋友们来说，可以掌握一定的手机录像功能和技巧，拍摄一些优秀的视频，甚至还可以成为专业的"手机拍客"。

如今，在微信和 QQ 空间等社交网络中分享照片、视频，已经成为广大手机用户的日常行为，成为全民社交时代的必备技能之一，而且市面上大部分手机的视频拍摄功能都能轻松满足人们的各类拍摄需求。

用手机拍摄视频时需要注意，①首先要尽量拿稳手机，这样拍出的视频更加清晰；②在拍摄过程中，尽量双手横持手机，这样不但可以增强手机的稳定性，减少画面抖动造成的模糊，如图 1-36 所示；③很多手机在摄像时可以选择调整分辨率、画质等级、亮度以及格式等参数，建议尽量选择较高的分辨率、画质和易于编辑的格式，以保证得到最佳的视频品质。

▲ 图 1-36 使用手机拍摄视频

我们可以使用辅助视频拍摄工具拍出更好的效果。例如，小影 APP 含有视频九宫格辅助线功能，能帮助视频拍摄者更好地实现视频拍摄主体的构图，其具体步骤为：打开小影 APP，❶点击"拍摄"按钮；❷点击右上方"设置"按钮⚙；❸选择网格符号▦，即可进行小影 APP 九宫格辅助线视频拍摄，如图 1-37 所示。

当然，如果您不满足前期拍摄的视频效果，还可以借助手机中的各种 APP 对视频进行后期处理。例如，乐秀 APP 除了能够为视频画面设置基础简单的滤镜以外，还有很多其他的动态滤镜特效可供用户选择。这些动态滤镜特效在为视频后期增加多种选择性的同时，也可让视频画面更加出彩和更具有个性。在乐秀 APP 中的滤镜特效也就是 FX 动画特效，能为视频画面添加动态的特殊效果，既增强了视频画面的动感，又丰富了视频画面的层次。

步骤 01 打开乐秀 APP，选择相应视频，进入编辑界面之后，❶选择"编辑"选项；❷选择 Fx 选项；❸点击添加按钮⊕，进入 Fx 动画特效编辑界面，如图 1-38 所示。

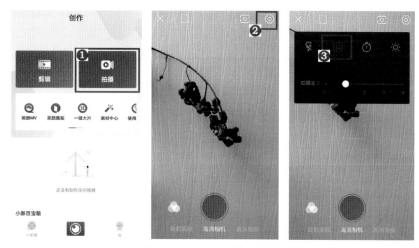

▲ 图 1-37　九宫格辅助线设置

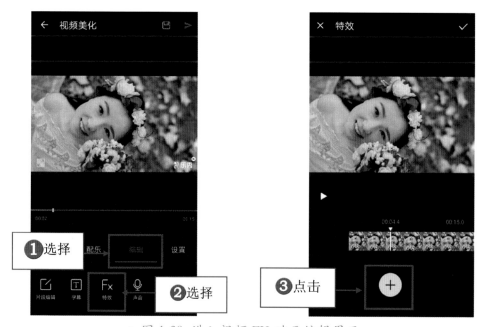

▲ 图 1-38　进入视频 FX 动画编辑界面

步骤 02　　进入 FX 动画编辑界面之后，❶选择"泡泡"动画特效；
❷点击"确认"按钮，返回特效调整界面；❸滑动视频轨道，将动画特效调
整到适当位置，视频轨道变为橙色即为调整成功；❹滑动音量轨道调节特效
音量大小，调整完成之后；❺点击☑按钮，即可完成视频泡泡动画特效的设
置，如图 1-39 所示。

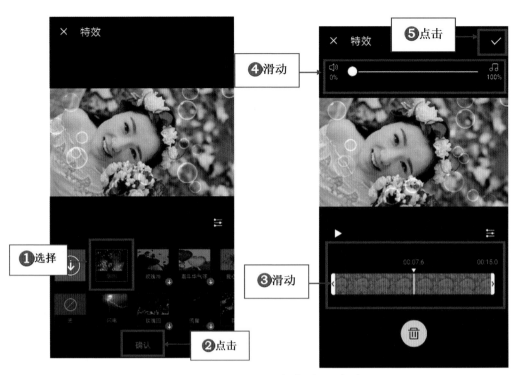

▲ 图 1-39 设置视频泡泡动画特效

第 2 章

老有所为，
相机拍照掌握专业的玩法

　　如果您是从事摄影工作的专业人员，或者是"骨灰级"的摄影玩家，那么单反相机是必不可少的摄影设备。

　　为了帮助中老年朋友用好单反相机和拍出最美的画面，本章讲解单反相机的结构原理、选购心得、镜头设置、持握姿势、拍摄模式以及具体的拍法和流程等，希望中老年朋友能巩固自己的基础知识，快速入门。

2.1 认识单反相机的结构原理

单反相机的全称是数码单镜反光相机（Digital Single Lens Reflex Camera，常简称为 DSLR）。如图 2-1 所示，从横截面中我们可以清楚地看到单反相机的内部构造，主要由机身和镜头两大部分构成。其中，镜头内部有光圈和镜片组，机身内部包括反光镜、快门、图像感应器、对焦屏、五棱镜以及取景器等。

定时拍摄

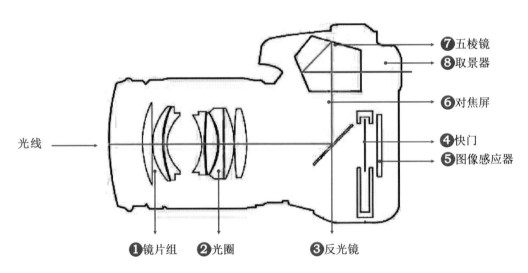

▲ 图 2-1 单反相机的基本构造

❶ 镜片组：决定了相机的焦距，也就是视野范围。

❷ 光圈：决定了相机的进光量和相片景深。

❸ 反光镜：用于改变光路，将光线反射到取景器中，便于取景和对焦。

❹ 快门：由前帘和尾帘两个部分组成，用于控制曝光时间。

❺ 图像感应器：CCD 或者 CMOS 感光器件，也就相当于传统相机的底片。

❻ 对焦屏：用于帮助操作者进行对焦，没对焦屏就无法正常取景。

❼ 五棱镜：用于取景的反光装置，可以矫正对焦屏中上下颠倒的图像，使操作者能够正确地取景和对焦。

❽ 取景器：主要是将图像感应器中的影像近似地显示出来，同时帮助操作者瞄准和构图。

熟悉了单反相机的基本结构后，再看其工作原理就比较简单好懂了，其实就是"小孔成像"的原理，如图 2-2 所示。

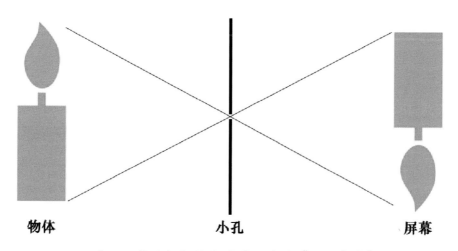

物体   **小孔**   **屏幕**

▲ 图 2-2 单反相机的主要原理就是"小孔成像"

单反相机的主要工作过程如下。

步骤 01 在没有按下快门键的时候，❶光线进入镜头组，然后穿过光圈到达反光镜。❷由于反光镜的折射作用，光线会被折射到上面的对焦屏上，并在此形成影像。❸操作者可以透过目镜和五棱镜，在单反相机的取景器中看到外面的景物，如图 2-3 所示。

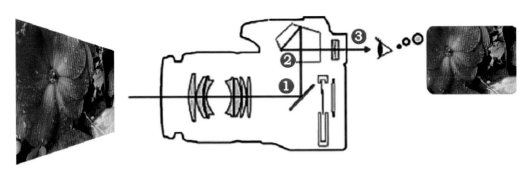

▲ 图 2-3 快门关闭时的成像原理

步骤 02 ❶在按下快门键的时候，此时反光镜会向上方弹起；❷同时打开图像感应器前的快门幕帘，进入相机镜头的光线即可穿过快门；❸投影到图像感应器上进行感光，记录影像信息，如图 2-4 所示。当快门关闭后，反光镜会马上恢复原状，此时操作者又可以通过取景器看到影像。

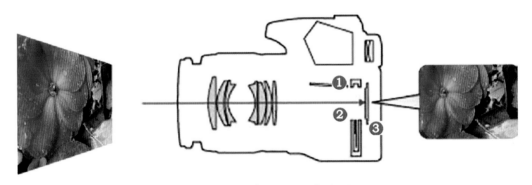

▲ 图 2-4 快门打开后的成像原理

专家提醒

单反相机的快门时间不但可以控制进光量，而且可以调节被摄对象的动态表现。

单反相机选购的个人心得

2.2

对于中老年朋友来说，选择单反品牌是一件"仁者见仁，智者见智"的事情，不同品牌的单反相机各有各的成像特点和技术优势，没有最好的，只有合适的。中老年朋友要选定一部适合自己使用的单反相机，建议新手可以选择入门到中级的产品，价格在 5000~10000 元。当然，价格越贵的单反相机，其成像质量越好，功能性也越强，相对来说，机身结构也更加坚固且有质感。例如，尼康的低端机型的曝光和色彩层次明显比高端机型差很多。

除了价格因素外，中老年朋友还要考虑是购买全画幅还是 APS 画幅的单反相机。全画幅又称为 135 画幅，图像感应器的面积为 24mm×36mm，成像面积与传统的 35mm 胶卷一致，如佳能 EOS 6D Mark II 和尼康 D850 等，如图 2-5 所示。

▲ 图 2-5 佳能全画幅相机

专家提醒

中老年朋友在学习单反相机摄影前，首先要了解相机的功能，可以看说明书，对相机上的各种操作按键进行系统的了解。不过，很多老年人记忆力下降，因此还需要多操作，边操作边观察拍摄效果，加深对相机功能的记忆。

APS 画幅是指基于"APS 系统"（Advanced Photo System，高级摄影系统）的成像面积，图像感应器的面积约为 23mm×15mm，成像面积与传统的 APS 胶卷一致，如尼康 D7000 和佳能 EOS60D 等。

同时，中老年朋友在选择单反相机的机身时，还可以参考像素数、机身材料、影像处理速度以及快门寿命等技术参数。

（1）像素数：像素数指的是感光元件的面积大小，面积越大，像素数越多，拍摄的照片分辨率就越高，是保证照片清晰度的重要因素之一。例如，尼康 D810 的有效像素数约为 3635 万，可拍摄出清晰锐利的高品质图像。

（2）机身材料：主要看机身是否有很好的防水、防震以及抗压等性能，保证在恶劣的环境下能够正常使用。例如，如图 2-6 所示，该款相机为镁合金机身材质，不但十分轻巧，而且还经过了防水滴和防尘处理，具有高刚性与电磁保护效果，拥有更好的耐久性。

（3）影像处理速度：这主要取决于单反相机内感光元件的数据处理能力，可以参考相机的连拍性能，通常连拍速度越快，拍摄的张数越多，那么就说明相机的影像处理速度越快。例如，尼康 D5 在全时自动对焦和自动曝光模式下，可以约 12 幅／秒的连拍速度连续拍摄多达约 200 张照片，如图 2-7 所示。

▲ 图 2-6 镁合金机身材质

▲ 图 2-7 尼康 D5

（4）快门寿命：单反相机的快门是有次数上限的，入门级别的相机快门可以释放 3 万～4 万次，中高端的相机快门可以释放约 10 万次以上。

专家提醒

　　中老年朋友可以根据自己的操作水平来选择，新手可以选择操作简单和容易上手的入门级单反相机，老手则可以选择功能丰富的中高挡单反相机。当然，最重要的一点就是根据自己的实际需求来选购。

各有所长的镜头如何使用

　　单反相机最重要的部件就是镜头，镜头的优劣会对成像质量产生直接影响，而且不同的镜头可以创作出不同的画面效果。

2.3

○ 1 **广角镜头**

　　广角镜头的焦距通常比较短、视角较宽，景深很深，非常适合拍摄建筑和风景等较大场景的照片。如图 2-8 所示，为佳能 EF 16–35mm F/2.8L III

▲ 图 2-8　佳能 EF 16-35mm f/2.8L III USM 三代广角镜头

USM 三代广角镜头。

佳能 EF 16–35mm f/2.8L III USM 广角镜头采用大口径双面非球面镜片，大幅提升了广角端的畸变控制等光学性能，使画面在整个变焦范围内都非常清晰锐利。如图 2-9 所示，采用16mm超广角镜头拍摄，画面具有更宽广的视角，可以纳入壮丽的景色。

▲ 图 2-9 广角镜头拍摄效果

2 标准镜头

标准镜头的焦距通常为 40 ～ 55mm，视角与人眼类似，拍摄的画面效果看上去十分自然，适合一般风景、人像和抓拍等场景。

如图 2-10 所示，①这张照片采用索尼 FE 55mm F/1.8 大光圈标准镜头拍摄，可以记录下真实细腻的风景特征；②采用树枝作为前景，可以避免天空过于单调，丰富画面元素，同时还起到了聚焦视线的作用。

▲ 图 2-10 标准镜头拍摄效果

3 长焦镜头

普通长焦镜头的焦距通常为 85 ~ 300mm，超长焦镜头的焦距可以达到 300mm 以上，可以非常清晰地拍摄远处的物体，它的主要特点是视角小、景深浅以及透视效果差。图 2-11 所示为 650 ~ 1300mm 超长焦镜头。

▲ 图 2-11 超长焦镜头

如图 2-12 所示，①这张照片采用 650 ~ 1300mm 超长焦镜头拍摄，拍摄者距离天空中的飞机和月亮都比较远，但借助超长焦镜头拉近被摄对象，可以准确地对焦拍摄；②超长焦镜头体积比较大，而且也比较重，建议使用三脚架来固定拍摄，否则拍摄时很难准确地对焦和构图。

▲ 图 2-12 超长焦镜头拍摄效果

4 微距镜头

很多时候，我们想要拍清楚一朵花或者一只虫子，但只要相机一靠近，它就变得模糊了，此时就需要使用微距镜头。微距镜头的放大倍率可以达到 1:2 甚至 1:1，可以将细微物体拍摄得很清晰，即使这些物体的拍摄距离非常近，也可以实现正确对焦，同时拥有更好的虚化背景效果。如图 2-13 所示，为尼康 AF-S VR 105mm F/2.8G IF-ED 自动对焦微距镜头，较长的焦距可以让用户在拍摄微距作品时拥有充足的拍摄距离。

如图 2-14 所示，①采用尼康 105mm 微距镜头拍摄，即使与花朵主体有一定的距离，也可以轻松调整焦距，实现准确对焦，让花朵的细节部分清晰地呈现出来；② F/2.8 的大光圈可以进行很好的背景虚化处理，让主体对象更加突出；③同时这款微距镜头具有优秀的减震功能，可以让手持微距拍摄更加轻松。

▲ 图 2-13 微距镜头

▲ 图 2-14 微距镜头拍摄效果

○ 5 鱼眼镜头

鱼眼镜头是一种比较极端的超广角镜头，其拍摄视角非常大，可以让拍摄画面更加宽广，而且前组镜片呈现明显的凸起形弧度弯曲，可以得到类似圆形的鱼眼效果，非常有趣。鱼眼镜头的焦距通常为 16mm 或更短，而且视角接近或等于 180°，以求达到或超出人眼所能看到的范围。如图 2-15 所示，为佳能 EF 8-15mm F/4L USM 鱼眼镜头，这种镜头不但轻便小巧，而且其对角线视角可达 180°。

如图 2-16 所示，采用鱼眼镜头拍摄，拍摄者站在一个较高的位置向下俯拍，可以看到画面与真实的画面产生了很大的变化，呈现出一种圆形的凸出变形效果，原本笔直的公路和河道在强烈的夸张变形下更具视觉冲击力。

▲ 图 2-15　鱼眼镜头　　　　　　▲ 图 2-16　鱼眼镜头拍摄效果

6　　　　　　　　　　　　　　　　　　　　　　　　　　　　　定焦镜头

定焦镜头的主要特点就是焦距恒定不变，镜头组更加简单，对焦速度非常快，而且成像质量也更高。

如图 2-17 所示，为佳能 EF 50mm F/1.2L USM 人像标准定焦镜头。定焦镜头的光圈值通常都在 F/2.8 以下，通光量比较大，适合弱光环境，重量非常轻，体积也比较小。

如图 2-18 所示，①利用定焦镜头的大光圈灵活控制景深，可以产生美丽的背景散焦效果，虚化背景，突出主体；②拍摄时需要靠近花朵，在取景器中构图时将主体花朵置于画面中央，更好地进行对焦操作，可以让主体对象更加清晰。

清晰的主体部分

虚化的背景部分

▲ 图 2-17　定焦镜头　　　　　　▲ 图 2-18　定焦镜头拍摄效果

2.4 怎样设置尺寸、像素、分辨率

中老年朋友在使用单反相机拍摄时，容易遇到一些问题，如画面模糊或者尺寸太小等，此时就需要设定照片拍摄格式与尺寸，满足自己的品质要求。

传统大画幅相机的特点是能够将拍出的照片放大至巨幅尺寸，并且成像清晰，质感逼真，影调与色调层次细腻动人，色彩更加饱和逼真，使摄影艺术语言更具有感染力、震撼力和冲击力。

因此，中老年朋友在拍摄风光等大场景照片时，应尽量选用 RAW 格式，并将其拍摄的像素尺寸设置为最大；如果是拍摄一般的生活照片，则只需选中 JPG 格式。

以佳能 600D 为例，❶按下相机正面的 MENU 键，将显示相机设置界面，❷这时按下相机导航键左键，将菜单调整至"相机自定义菜单功能设置"，在"画质"菜单中选择 RAW+JPEG 的组合，中老年朋友也可以根据自己的相机内存来选择 RAW 格式和 JPEG 格式任意组合，如图 2-19 所示。

▲ 图 2-19 调出设置菜单，选择组合

在"画质"菜单中可以选择 L、M、S 的相应尺寸，蓝色条中将出现选择后的详细尺寸数值。例如，这里选择 RAW 和 JPEG 中的 L 尺寸，以保证

拍摄画面的质量，如图 2-20 所示。

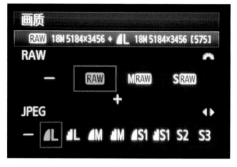

L 尺寸的分辨率最大，可以拍摄到完整的照片细节，但占用的内存空间也非常大。M 尺寸是中等标准，常用于新闻纪实类照片题材，画面质量较佳。

▲ 图 2-20 设置详细尺寸数值

专家提醒

RAW 是照片的原片，最原始的影像记录，包含的信息也是最丰富的，后期的空间十分大，因此容量也很大，通常一张照片有大约 30MB，如图 2-21 所示。

▶ 图 2-21 JPG 格式与 RAW 格式

IMG_0220.CR2

IMG_0220.jpg

S 尺寸是最小的尺寸类型，会损失大量的画面细节，但占用内存空间也比较小，适合进行网络传输。如图 2-22 所示，这张照片采用 L 尺寸拍摄，分辨率达到了 2848×4288 像素，即使放大裁剪后，依然有很高的清晰度。

因此，如果中老年朋友的相机存储卡足够多，容量足够大，那么可以使用高分辨率拍摄，一则保证影像的画质，二则得到高清的照片效果。

◀图 2-22 采用 L
尺寸拍摄的照片
放大效果

　　不同类型的镜头可以带来不一样的视角，其实中老年朋友也可以调整相机内的长宽比参数，以改变照片的显示效果。需要注意的是，如果采用 RAW+JPEG 的保存格式，则在保存修改了长宽比参数的 JPEG 格式图像的同时，还会保存一张长宽比为标准的 3:2的 RAW 格式图像。部分佳能单反相机可以设置 3:2、4:3、16:9或 1:1等长宽比类型，如图 2-23 所示。

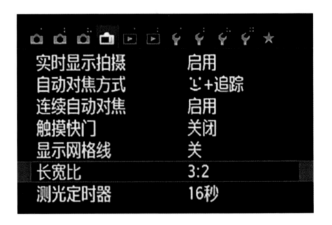

▶图 2-23 设置长宽比

　　按下相机背面的 MENU（菜单）键，切换至"实时显示拍摄"菜单，选择"长宽比"选项后，即可调整相应的参数。调整后再拍摄时，可以从显示屏上看到所设置的长宽比画面。另外，使用 Photoshop 或者 Digital Photo Professional（DPP）等图像处理软件，也可以在后期根据需求调整照片的长宽比。

3∶2是一种比较标准的长宽比类型，与图像感应器的比例一致，可以将相机的成像面积完全利用起来，不管是横拍还是竖拍，都能够很好地进行构图取景，适合各种各样的拍摄场景，如图 2-24 所示。4∶3的画幅与 3∶2 非常类似，但其长边要稍微短一些，可以让画面看上去更加紧凑，如图 2-25 所示。

▲ 图 2-24 3:2 的长宽比拍摄效果　　　▲ 图 2-25 4:3 的长宽比拍摄效果

16∶9是以人的双眼视野范围为依据的一个黄金比例尺寸，长边比较长，很多电视和显示器就是采用这种比例，因此拍出来的照片有一种电影画面的效果，非常适合进行横向构图取景，如图 2-26 所示。1∶1是一种方形的画幅比例，在中画幅胶片相机中比较多见，而且构图时也更加简单，可以很好地突出主体对象，如图 2-27 所示。

▲ 图 2-26 16:9 的长宽比拍摄效果　　　▲ 图 2-27 1:1 的长宽比拍摄效果

2.5 掌握正确的持握相机姿势

中老年朋友要掌握正确持握单反相机的手势，拍不拍照且先不说，单看其手势就能看出他够不够专业。这个手势可不仅仅是用来展现自己专业性的，最重要的是保持相机的稳定，保证照片的质量，以及防止相机摔坏。首先一定要用眼睛看取景器，不能一直盯着显示屏看，如图 2-28 和图 2-29 所示。

▲ 图 2-28 通过显示屏观察　　　▲ 图 2-29 通过取景器观察

正确的持机方式应该是：右手牢牢握住相机右侧的手柄，并使用左手托住镜头底部，双手手肘夹紧身体，然后眼睛紧贴着取景器，并与取景器平行，通过双手加上眼睛来保持相机的稳定，如图 2-30 所示。双脚可以摆成弯弓状，稍微朝左右分开一点，与肩部同宽即可，可以把自己想象成是三脚架，要尽可能地保证身体的稳定。

横向持机　　　　　　　　纵向持机

▲ 图 2-30 正确的持机方式

专家提醒

　　需要注意的是，在纵向持机的过程中，我们的手肘很可能会不自觉地松开，此时一定要注意保持相机的稳定性。

　　如图 2-31 所示，这是错误的持机姿势，左图中手肘已经完全张开，这种状态下相机会变得非常不稳定，不过比较适合微单或手机的握法；右图中仅用手捏住相机的边缘，非常容易产生抖动，影响照片质量。

▲ 图 2-31 错误的持机方式

　　上面是站立时的持机方法，中老年人站久了就容易累，因此也可以用一些比较舒适的持机姿势，如半蹲、坐姿或者靠姿等，反正整体原则就是尽可能地保持身体的稳定性，防止握着相机的手抖动，如图 2-32 所示。

▲ 图 2-32 其他的持机方式

　　前面说过，不建议看显示屏来取景，因为这种情况下，身体和相机会产生一定的距离，相机的稳定性比较差，很容易出现抖动。

　　如果一定要通过显示屏来取景，则需要将双臂夹紧，左手托住相机底部，右手抓稳相机手柄，如图 2-33 所示。在显示屏上进行触摸操作时，必须将相机放置在手掌中，保证其稳定，如图 2-34 所示。

▲ 图 2-33　通过显示屏观察

▲ 图 2-34　进行触摸操作

熟悉单反相机的各种拍摄模式

2.6

　　在单反相机上面有一个调整曝光模式的转盘，上面有一些不同形状的图标，每一个图标代表了一种不同的拍摄模式，如图 2-35 所示。选择这些拍摄模式后，会得到不同的白平衡、快门、光圈以及 ISO 值，因此即使是同一个景点，拍摄的效果也会有很多的差异。

▲ 图 2-35　相机拍摄模式转盘

○1 全自动模式（AUTO 挡）

　　全自动模式（AUTO 挡），顾名思义就是相机的拍摄曝光工作全部由内部芯片进行处理，作为拍摄者只需要按下快门即可，适用于大多数场景。但是，全自动模式的局限性也是很大的，无法调节感光度和白平衡，闪光灯的弹起也无法控制。全自动模式适合刚接触摄影的中老年朋友，选择该模式后相机能够自动计算闪光灯的光量，拍摄时您只要专心构图即可。

　　如图 2-36 所示，将模式转盘转到 A+，使用全自动模式拍摄的画面，相机会自动设置各项曝光参数，包括测光模式、光圈值、快门速度、白平衡值、对焦模式以及是否使用闪光灯等，摄影者做好构图和对焦的工作，然后在适当的时机按下快门即可，非常适合在紧急情况下抢拍。例如，这张照片的光圈值为 F/2，曝光时间为 1/320 秒，焦距为 50 毫米，ISO 速度为 1600，将主体人物拍摄得很清晰。

▲ 图 2-36 全自动模式拍摄效果

程序自动模式（P 挡）

2

在单反相机的所有挡位中有一种挡位的含义让很多人弄不太明白，那就是 P 挡。P 挡就是程序自动模式，相机会根据当时的光线计算出所需的光圈与快门。如图 2-37 所示，使用 P 挡拍摄，相机自动确定快门速度和光圈组合，组合的参数根据被摄体的亮度和使用镜头的种类确定，非常适合被摄体日常抓拍纪念照。

▲ 图 2-37 程序自动模式拍摄效果

那么有人就要问了，P挡和AUTO挡有什么区别呢？它们的本质区别都是通过相机进行测光得出光圈快门，区别在于可调整性，P挡模式下仍然可以通过使用"曝光补偿"功能对曝光进行干预。

总体来说，使用P挡拍照比较安全，可以有效降低出错率，但缺点也比较明显，那就是太过于保守，拍摄的画面缺乏创意，较适合入门者使用。

3 光圈优先模式（AV挡）

光圈优先模式又称为光圈先决，在相机上一般被标注为AV（Aperture Value）或A，是单反相机上的半自动挡。使用AV挡时，可以通过控制光圈与感光度来控制曝光，快门速度则随着光圈值大小变动，因此更容易控制背景虚化效果。

如图2-38所示，为使用光圈优先模式拍摄的

▲ 图 2-38 光圈优先模式拍摄效果

画面，为了避免背景干扰，可以将光圈设置为 F/2.8 的大光圈参数，虚化背景，突出主体。

 4 快门优先模式（TV 挡）

快门优先模式一般标注为 TV 或 S，可以先确定好合适的快门速度，然后再由相机选择与这个快门速度匹配的光圈值，适合拍摄运动物体或者动物等题材，可以很好地表现被摄体动与静的特征。

如图 2-39 所示，拍摄时的快门速度大致为 1/3200 秒，可以快速抓拍高速运动的人物动作。

▲ 图 2-39 快门优先模式拍摄效果

 5 手动模式（M 挡）

手动模式一般标记为 M，在该模式下，可以针对不同的拍摄环境，自由设置光圈值和快门速度等参数，非常适合拍摄经验丰富的中老年朋友，可以创作更多独特的美丽画面。

如图 2-40 所示，使用手动模式拍摄烟花，光圈值设置为 F/11，快门速度设置为 7 秒，ISO 设置为 50，在长时间曝光下，可以记录烟花盛开的全貌。

▲ 图 2-40　手动模式拍摄效果

 6   **预设曝光模式**

　　除了上面介绍的几种常见曝光模式外，一些中低挡相机和大部分智能手机还内置了各种预设模式，包括风景、肖像、夜景、微距以及运动等，中老年朋友们可以根据不同的拍摄场景来选择不同的预设模式。

　　1）风景模式

　　风景模式相对于全自动模式的差别在于默认光圈的大小与感光度的选择。在选择风景模式拍摄时，相机会自动将光圈调小，并根据当时光线的不同进行不同的调整，此时相机中的锐度也会调整至最大，从而获得锐利的图像。

　　如图 2-41 所示，为使用风景模式拍摄的效果，相机自动采用的光圈值为 F/5，ISO 速度为 50，可以看出照片中的纯净度十分高，竹叶的细节也清晰可见，画面十分清晰。

　　2）肖像模式

　　肖像模式通常是用来拍摄人像的，它与自动模式有两大区别，其中第一个区别就是默认使用大光圈，其二就是调整了照片的色调，让人物的皮肤更加红润，拍摄效果如图 2-42 所示。

　　注意：使用肖像模式拍摄时，相机会根据环境自动开启闪光灯，且无法控制，而且光圈、快门和感光度等参数也无法调整。

▲ 图 2-41 风景模式拍摄效果

▲ 图 2-42 肖像模式拍摄效果

3）夜景模式

对于喜欢摄影的中老年朋友们来说，无论是自然光还是人造光，如果想要得到一张完美的照片，光线的运用都极其重要。不过，一遇到光线暗的地方，拍出的效果总是差强人意。对于在弱光环境下拍照，首先就是要学会"借光"，例如可以采用夜景模式，就是借助相机的光。夜景模式主要有两个作用：减少噪点和增加光线。

夜景模式会在高感光状态下采用更加复杂的算法，显著降低照片噪点。同时，夜景模式还具有更强大的进光能力，增加相机组件的进光量。不同品牌的相机，夜景模式的名称可能有所差别，但大多比较好辨认。如图 2-43 所示，为普通模式和夜景模式的拍摄效果对比。使用夜景模式拍摄，可以明显延长对焦时间，照片上也可以看到比较明显的噪点，记录的画面更清晰，表现的色彩更准确。

▲ 图 2-43 普通模式和夜景模式的拍摄效果对比

4）微距模式

如图 2-44 所示，①使用微距模式拍摄树枝上的花苞，景深一般比较浅，合焦范围非常小，合焦部分非常醒目，背景虚化效果非常明显；②将 ISO 感光度设置为自动，可以减少手抖动现象。

◀ 图 2-44 微距模
式拍摄效果

微距模式的特点在于对背景虚化的把控，优先获得最浅的景深以突出主体。同时焦点范围较广，以免拍摄时跑焦，感光度虽为自动，但设置会偏高，闪光灯也是自动，为了主体有充分的曝光。

5）运动模式

运动模式的基础快门速度十分快，通常不会低于1/125秒。在驱动模式上，运动模式也与其他拍摄模式不同，默认为连拍模式，方便拍下运动物体的精彩瞬间。在光线不足的时候，选择运动模式同样会自动开启闪光灯。

如图 2-45 所示，①采用运动模式拍摄，快速速度为 1/640 秒，ISO 速度为 100；②在使用运动模式拍摄时，对焦点的范围被固定在中间，因此对焦时一定要对准主体。

▶ 图 2-45 运动模式
拍摄效果

开机前必要的准备工作

2.7

　　在掌握了单反相机的正确持机方式后，中老年朋友们就可以开始准备进行实拍操作了。为了能够更快更好地拍摄照片，中老年朋友们一定要做好准备工作，如检查相机功能，以及做一些基本的设置。

　　（1）检查相机包，安装好电池。将拍照时会用到的套机镜头、锂电池、相机机身、接口电缆、相机背带、内存卡以及充电器等物品都放入相机包中，如图 2-46 所示；同时，将相机底部的电池仓盖打开，检查电池是否安装正确，电量是否充足，最好多准备一些备用电池。

▲ 图 2-46　检查相机包

专家提醒

　　在购买备用电池时，一定要选择原厂电池，而且还要核对好型号，切不可使用来历不明的电池，以免损伤相机。

　　（2）安装好镜头，插入存储卡。要对准镜头的安装标记，并旋转镜头将其锁紧，如图 2-47 所示；插入内存卡之前要先关闭电源，然后打开存储卡盖板，按照正确的顺序插入存储卡，并关紧盖板。

◀ 图 2-47 安装好镜头

（3）**设置日期和时间，格式化存储卡。**打开相机电源，第一次使用相机时要进行初始设置，正确输入当前的日期和时间，以便后期可以更加轻松地整理拍摄的大量照片；第一次使用存储卡时，应该先将其进行格式化处理。

（4）**调节相机取景器的屈光度。**屈光度是指光线在传播时方向产生偏折，可能会导致取景器中的画面一片模糊，此时，中老年朋友可以调节取景器上方的屈光度旋钮，边观察边调整，直到取景器显示清晰为止，如图 2-48 所示。

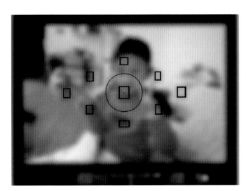

▲ 图 2-48 调节屈光度保证取景器内的信息可以清晰显示

（5）**安装相机背带，完成准备工作。**相机背带除了有装饰及方便携带的功用外，还能确保相机的安全，首先将背带穿过机身上的固定环，然后将背带上的锁扣放松，并将背带在锁扣内侧折回，调整到适合自己背起时的长度，最后拉紧背带。

单反相机取景器拍摄的基本方法

2.8

　　单反相机完全是通过镜头来进行对焦和拍摄的，可以让您在取景器中看到的景象和图像感应器形成的影像永远一样，也就是说，前期看到的取景范围和实际拍摄的范围基本一致，对于中老年朋友的取景构图非常有用。

　　单反相机的取景器主要用于确认被摄对象的状态，如对象是否完整显示、画面是否清晰以及构图是否合适等，同时还能够显示一些相关的设置信息，如快门速度、光圈、ISO 感光度以及对焦点等。

　　下面以佳能单反相机为例，介绍取景器拍摄的基本方法。

步骤 01 　❶将相机的拍摄模式设置为全自动；❷将镜头的对焦模式调整为 AF 挡，开启自动对焦功能，如图 2-49 所示。

▲ 图 2-49 设置全自动曝光模式和开启自动对焦功能

步骤 02 　将镜头对准拍摄对象，中老年朋友可以使用右眼来观察相机的取景器，观察时注意眼睛要贴紧一些，并且根据自己要拍摄的对象来调整镜头的方向和角度，如图 2-50 所示。

▲ 图 2-50 通过右眼观察相机的取景器

步骤 03　　当在取景器内确认好要拍摄的对象后，可以用右手轻轻按下快门，不要完全按下去，只需要按到一半的位置即可，此时就会启动相机的自动对焦功能进行对焦操作。

步骤 04　　当被拍摄对象清晰成像时，也就是合焦成功后，在取景器中可以看到自动对焦点会变成红色的闪烁状态，如图 2-51 所示，同时可以听到提示音。

步骤 05　　将快门键完全按下，即可完成拍摄，同时单反相机的液晶屏上会显示拍到的图像，如图 2-52 所示。

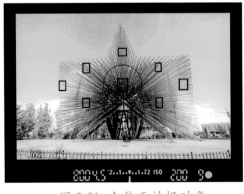

▲ 图 2-51 合焦于被摄对象

▲ 图 2-52 完成拍摄

单反相机的具体拍法和操作

2.9

当中老年朋友掌握单反相机的基本知识，并做好准备工作后，您就可以尝试进行拍摄了，简单地说，只要在准确对焦后，按下相机的快门，即可得到您的第一张单反照片。

下面介绍单反相机的具体拍法和流程。

（1）**岁数大动手慢，就用傻瓜拍照模式**。中老年朋友刚开始学单反拍照时，建议大家使用傻瓜拍照模式，也就是将相机顶部的模式转盘旋转到全自动模式，此时相机会根据您的拍摄对象自动调整各项参数，保证最佳的拍摄效果。

（2）**嫌对焦麻烦，开启自动对焦功能**。在相机镜头上可以看到一个 AF 和 MF 的对焦模式开关，将白色的标记调整到 AF 的位置，即可开启自动对焦功能。

（3）**什么都看不见？别忘了取下镜头盖**。很多人第一次用相机时，会遇到取景器中一片漆黑的状况，这是因为您没有把镜头前的前盖拿下来，只需要按下前盖两端的锁定部分，即可将其取下来。

（4）**要拍什么东西，将镜头对准即可**。首先将相机镜头大致对准被摄对象，然后用右眼在取景器中观察，找到最佳的取景角度和构图。

（5）**按下快门，练就捕获瞬间的功力**。中老年朋友可以先半按快门键进行对焦，等待合焦于被摄对象后，快速按下快门键即可完成拍摄。

在拍摄照片时，中老年朋友可以针对同一个对象进行多次试拍，从中找到最满意的作品保存下来，其他多余的不太理想的照片删除即可。

（1）**回放所拍照片**。相机的背面有一个回放键，按下后即可回放刚才拍摄的照片，如图 2-53 所示。

（2）**按钮切换照片**。按下相机背后的十字键右侧的按钮，即可切换显示下一张照片，按左侧的按钮即可切换显示上一张照片。

（3）**触屏切换照片**。对于支持触屏功能的单反相机来说，中老年朋友通过手指在显示屏上轻轻向左右滑动，也可以切换显示上一张或下一张照片。

（4）**缩放查看图像**。在回放检查图像时，中老年朋友可以通过相机上的放大键或缩小键，对照片进行放大或缩小显示操作，同时通过方向键可以移动显示区域，以便更好地查看照片的细节，如图 2-54 所示。支持触屏功能的单反相机可以通过手指的开合和拖动等操作，缩放显示照片。

▲ 图 2-53 按下回放键

▲ 图 2-54 缩放按钮

（5）**删除多余照片**。选择要删除的照片，并按下相机背面的删除键，如图 2-55 所示。执行操作后，显示屏上将弹出确认是否删除的提示，利用十字键选择"删除"选项，并按下 SET（设置）键确认，即可删除该照片，如图 2-56 所示。

▲ 图 2-55 按删除键

▲ 图 2-56 选择"删除"选项

几个技巧让您学会相机对焦

2.10

大部分相机都具有自动对焦功能，中老年朋友们在拍照时只需要按下快门即可完成对焦工作，非常便捷。使用自动对焦模式时，一定要对准被摄对象，并选择合适的自动对焦模式。

例如，佳能 EOS 系列单反相机提供了 3 种不同的自动对焦模式，您可根据拍摄对象的类型和状态进行选择，在机身背面按下 Q（速控）按钮，在其中选择"自动对焦操作"即可设置，默认设置为单次自动对焦，如图 2-57 所示。

▲ 图 2-57 调整自动对焦模式

单次自动对焦模式适合拍摄人像、建筑和风景等静止的画面，拍摄时您可以半按快门确定焦点位置，合焦后相机暂时停止动作，从而固定好合焦位置，此时再次按下快门，即可完成拍摄。

如图 2-58 所示，为单次自动对焦模式拍摄效果。①首先转动对焦环，将中央对焦点对准人物位置，并半按相机快门按钮进行对焦；②快门不要松开，然后调整画面的构图，将人物移到画面右侧的三分线位置上，让主体更突出；③固定好合焦位置后，平稳按下相机快门，完成拍摄。

▲ 图 2-58 单次自动对焦模式拍摄效果

在使用单反相机时，可以通过实时显示拍摄来实现高精度的手动对焦，具体操作方法如下。

步骤 01 切换为手动对焦，将对焦模式开关调整到MF，如图 2-59 所示。

步骤 02 按下机身背面的实时显示拍摄暗角开始实时显示拍摄，然后按下放大按钮，在显示屏上可以看到局部放大后的图像，如图 2-60 所示。

▲ 图 2-59 调整为手动对焦

▲ 图 2-60 实时显示拍摄时进行放大显示

步骤 03　通过相机背面的十字键或者点击触摸屏，移动白框至想要放大的位置，再次按下放大按钮，即可放大显示，如图 2-61 所示。

步骤 04　缓缓转动镜头上的对焦环进行对焦操作，如图 2-62 所示。在放大显示状态下，可以看到焦点在发生变化，确认合焦位置后，按放大按钮取消放大显示，得到合适的对焦和曝光后，按下快门按钮拍摄照片即可。

◀ 图 2-61　放大显示

调焦环　　　对焦环

▶ 图 2-62　调整对焦环

第 3 章

老有所学，
掌握摄影原理提升基本功

　　掌握了手机和相机的基本拍摄方法后，中老年朋友还需要掌握各种高级参数的设置方法，如快门、光圈、对焦、感光度、白平衡、曝光、测光以及各种拍摄模式等知识，对于没有太多基础的中老年人来说，这些东西都非常实用，可以快速掌握摄影的原理，提升基本功。

3.1 拍照模糊，试试这些稳定设备

要想用手机或者相机拍摄出清晰的照片效果，如果只是依靠高像素、昂贵的设备及具备高超摄影技术的摄影师是远远不够的，还需要借助一些摄影附件，帮助您在拍摄时更好地稳固手机，避免拍照模糊的情况产生。

1 三脚架

三脚架的主要作用之一就是能稳定镜头，以实现更佳的摄影效果。购买三脚架时应注意，它主要起到一个稳定设备的作用，所以脚架需要结实。但是，由于其经常被携带，所以应具有轻便快捷和随身携带的特点。如图 3-1 所示，为在三脚架上安装相机的方法。

快装板

快装板——相机拆装一步到位，具有防止相机旋钮松开时急速下滑的装置，新添快装板橡胶垫纹路设计，提高了与相机底部接触的牢固性。

相机安装

快装板安装：弹压式快装板锁自动锁紧快装板，操作简单，弹出式摄像机安全钮，可保证摄像机固定更稳固。标准的1/4螺母与相机螺口牢固结合，快装板底部可以用随身硬币加固。

▲ 图 3-1 在三脚架上安装相机的方法

2 自拍杆

自拍杆已经成为风靡全球的自拍神器，它能够在一定长度内任意伸缩，用户只需将手机固定在伸缩杆上，通过遥控器就能实现多角度自拍。通过自拍杆将手机摄像头固定在上端，即可上下调整角度，俯拍、侧拍以及 45 度角拍等，可以帮助用户轻松寻找美颜显瘦的角度，如图 3-2 所示。

▲ 图 3-2 自拍杆可以帮助我们轻松自拍

3 快门线

快门线，顾名思义就是控制相机快门的遥控线，可以远距离操作相机，减少手持快门造成的抖动。在以前摄影技术刚发展的时候快门线还只能按快门，功能单一，而现在的快门线可以控制快门的曝光时长，可以自定义连拍、有规律的定时拍照等，具有很重要的作用。

快门线的应用十分广泛，且价钱不高。如图 3-3 所示，是相机安装快门线的示意图。科技总是日新月异地变化，无线快门线也登上了舞台，其优点是集成了有线快门线的功能，但没有线缆的束缚，采用无线遥控的方式控制的相机，但其价格比前者高很多。

有线　可做有线快门线　可做有线定时遥控器

无线　可做无线快门遥控器　可做无线定时遥控器

▲ 图 3-3　快门线

专家提醒

目前有很大一批相机附带了 Wi-Fi 功能，可以让智能手机与相机连接，既可以充当快门线，又可以在手机上观察到相机取景器里面的景象，调节参数，甚至可以实时地进行照片传输，省去了用数据线导出导入照片麻烦的步骤。

如何改善摄影中的曝光问题

3.2

中老年朋友如果想要成为一个优秀的摄影师，必须对光线具有敏锐的感觉，懂得发现和运用光线，控制和处理画面的曝光，从而获得自己所希望的画面效果。

曝光就是用适当的快门速度和光圈，让底片适当感光的过程。曝光并没有正确和错误的说法，只有是否合适，也就是说，您在拍照时，究竟需要什么样的曝光量。

例如，如果画面采用高调处理时比较美观，则可以适当地增加曝光量，让画面看上去有些过曝；如果想要体现暗淡的画面效果，则可以恰当地减少手机曝光量，让画面看上去有一些欠曝，使画面更加灰暗。

如图3-4所示，采用适当的曝光拍摄手法，可以使白云更加通透，从而更有吸引力，属于典型的高调画面。如图3-5所示，采用适当欠曝的拍摄手法，可以让室内的光线更加绚丽耀眼，体现画面氛围感，属于典型的低调画面。

▲ 图3-4 适当过曝光拍摄高调画面　　　　▲ 图3-5 适当欠曝光拍摄低调画面

控制曝光的三个要素包括光圈、快门速度和感光度。这三个元素相互关联，改变其中的一项，则对整体曝光产生影响。如图3-6所示，为三者的相互关系，当固定光圈时，想增加曝光值就只能通过降低快门和增加感光度，三者元素的其中一项，可以影响另外两项。

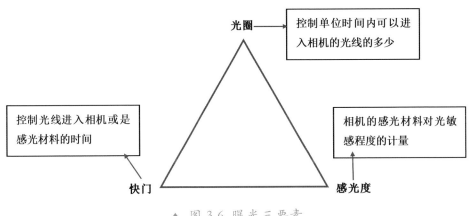

▲ 图3-6 曝光三要素

如图 3-7 所示，为了抓拍被汽车飞溅起来的水花，将 ISO 速度设置到 250、光圈则开到 F/5.6，快门也因此增加到了 1/1000 秒。

▲ 图 3-7 设置合适的曝光参数抓拍的画面效果

曝光补偿是在相机原有的测光系统基础上进行调节，再结合个人创作时的特殊情况，决定是进行增加曝光量或者减少曝光量的操作。如图 3-8 所示，为相机曝光补偿调整界面；如图 3-9 所示，为手机曝光补偿调整界面。

曝光补偿的符号通常是 EV+1，其中的 EV 代表曝光值，EV+1 则代表在原本的自动测光基础上增加一挡曝光，依次类推，EV-1 则是在原来的基础上将曝光值降低一挡。

在调整曝光补偿时，应该遵循摄影对象"白加黑减"的原则，拍摄以白色为主体较多的景物则应该增加 1 ～ 2 挡曝光补偿；而拍摄以黑色为主体的景物的时，则需要减少 1 ～ 2 挡曝光补偿。

▲ 图 3-8 相机曝光补偿调整界面

▲ 图 3-9 手机曝光补偿调整界面

专家提醒

当环境中的光线太暗或太亮的时候，中老年朋友们就可以手动来增加或减少曝光补偿。手机增加曝光补偿有以下两种方式。

（1）测光对焦：在手机屏幕上点击就可以了，优点是方便操作，缺点是有时会失灵。

（2）手动增加曝光补偿：您可以将 EV 曝光补偿菜单调出来，现场试试不同参数的效果。用手机拍照时注意，曝光补偿是控制曝光的一种常用方式，通常在 ±2 ～ ±3EV，如果环境光源偏暗，即可增加曝光值（如调整为 EV+1）以提高画面清晰度。

3.3

选对测光模式，照片立马高大上

测光模式是测定被摄对象亮度的功能。根据测光范围不同，测光模式具有多种方法，在不同的拍照设备上会看到至少三种以上的测光模式，如点测光、中心重点测光以及平均测光等。为了获得正确的画面曝光，中老年朋友们需要了解这些测光模式各自的特征，并区分使用。

使用相机时，可以按下机身背面的 Q（速控）按钮，调出速控菜单，在其中选择"测光模式"选项进入其设置界面，然后选择所需的测光模式，按 SET（设置）按钮即可，如图 3-10 所示。手机则一般可以直接在拍摄界面的高级模式菜单中调出测光模式菜单，如图 3-11 所示。

▲ 图 3-10 相机测光模式设置

▲ 图 3-11 手机测光模式设置

中老年朋友们在拍照时需注意，不同的测光模式，其测光的范围和适应性也存在一定差别，如图 3-12 所示。使用何种测光模式，主要根据自己的需求来选择，通常只要得到恰当的亮度即可。

点测光　　　　　　　　　中心重点测光　　　　　　　　　平均测光

▲ 图 3-12 不同测光模式的测光范围

（1）点测光。点测光是一种比较高级的测光模式，使用该模式时，相机只会对画面中的小部分区域进行测光，准确性比较高，可以得到更加丰富的画面效果，如图 3-13 所示。

（2）中心重点测光。中心重点测光模式会将测光参考的重点放在画面中央区域，可以让此部分的曝光更加精准。同时，中心重点测光模式也会兼顾一部分其他区域的测光数据，同时让画面的背景细节得到保留。

（3）平均测光。平均测光模式也可以称为矩阵测光或多重测光，使用该模式可以快速获得曝光均衡的画面，不会出现局部的高光过曝，整个画面的直方图也比较平衡，如图 3-14 所示。

▲ 图 3-13 点测光拍摄效果　　　▲ 图 3-14 平均测光拍摄效果

从上面的对比可以看到，平均测光模式是以合焦位置为中心，考虑整体亮度平衡进行测光的。因此，在强逆光或者弱光等环境中，平均测光模式有时可能无法正确测光。

3.4 妙用白平衡营造不同画面效果

　　白平衡，按字面的理解是白色的平衡，但实际核心是色温的变化。不同的场景下，物体颜色会因投射光线颜色而改变。相机毕竟只是机器，有时无法准确地判断当时的光线，导致照片偏色，这时则需要利用相机的白平衡功能来手动校色，还原景色最原始的颜色。

　　在拍摄复杂光线的时候，环境光线的增加，对相机的测光系统是一个极大的考验。使用自动白平衡时，经常出现白平衡不准确的情况，摄影师将其称为"白平衡漂移"。

　　这时中老年朋友们就应该打开相机内的白平衡设置，自行调节白平衡范围。在相机上面，有一个 WB 的按钮，就是用来设置白平衡的，如图 3-15 所示。不同品牌相机，白平衡的按钮会有所不同，您可以查看相机说明书。

▲ 图 3-15 白平衡按钮和设置界面

　　白平衡设置界面通常包含了许多选项，如自动白平衡、阳光、阴影、阴天、钨丝灯、白色荧光灯、闪光灯以及自定义等模式。每种模式名称下对应着的是色温值，色温值越高，画面颜色越暖，偏向橙黄色；色温值越低，整体画面颜色就越冷，偏向蓝色。

专家提醒

　　白平衡的设置没有绝对的方法，只能通过自己的喜好进行调节，喜欢冷色调照片可以选择低色温白平衡，喜欢暖色调则可以设置高色温白平衡。

　　很多情况下是不需要手动设置白平衡的，用相机的自动白平衡即可，如果是在晨曦或夜景时，您又或是想创作出不同风格的作品时才可手动调整白平衡。

　　很多手机也可以调整白平衡，通常有自动、白炽光、晴天、日光灯以及阴天等多种模式，中老年朋友在拍摄时根据现场光源的类型进行选择即可。如图 3-16 所示，为中兴手机的白平衡设置界面，其他手机的白平衡设置大多类似，您可以在拍摄界面的设置选项中调出白平衡设置选项。

▲ 图 3-16 手机的白平衡调节界面

　　自动白平衡模式可以比较准确地还原画面的色彩，不过容易产生偏色，例如，图 3-17 所示图片就明显偏蓝。

　　晴天白平衡适合晴朗的天气下进行户外拍摄，如图 3-18 所示，图中的色温非常温和，色彩还原度较高，接近肉眼观看效果。

▲ 图 3-17 自动白平衡模式拍摄效果　　▲ 图 3-18 晴天白平衡模式拍摄效果

　　白炽灯白平衡模式通常可用于室内灯光照明的拍摄环境，可以营造出一种偏蓝的冷色调，如图 3-19 所示。

　　日光灯白平衡模式适合在日光灯环境下使用，同样可以营造出偏蓝的冷色调效果，如图 3-20 所示。

▲ 图 3-19 白炽灯白平衡模式拍摄效果　　▲ 图 3-20 日光灯白平衡模式拍摄效果

　　阴天白平衡模式可以适合在阴天或者多云的天气下使用，可以使环境光线恢复正常的色温效果，得到精准的色彩饱和度，同时可以营造出一种泛黄的暖色调效果，如图 3-21 所示。

▶ 图 3-21 阴天白平衡模式拍摄效果

详说快门带您走进摄影的眼睛

　　光圈和快门都可以用来控制相机的进光量，掌握快门与光圈 **3.5**
的调节，是中老年朋友们使用和操作相机最基础的技能。

　　快门是照相机很重要的一个部件，是相机用来控制传感器获得有效曝光时间的装置。如图 3-22 所示，就是相机的快门组件。快门是控制照片进光量的一个重要装置，控制着光线进入传感器的时间。假如，把相机曝光拍摄的过程，比作用水管给水缸装水的话，快门控制的就是水龙头的开关。水龙头控制水流，而相机的快门则控制着光线进入传感器的时间。

　　快门的工作原理如图 3-23 所示。大部分单反相机使用的是幕帘式快门，即让感光元件被两组快门叶片（前帘和后帘）遮挡。相机拍照时，前帘先从下到上打开，然后隔上一段时间后帘跟上。这样的话，帘幕之间就有了一条缝隙。快门速度越快，这条缝隙就越窄，越慢就越宽。在 1/60 秒或更慢的情况下，快门前帘完全打开，露出整块传感器，随后快门的后帘才开始关闭。

▲ 图 3-22 相机的快门组件

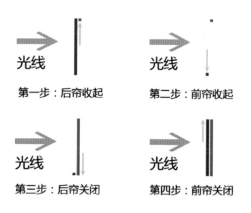

▲ 图 3-23 快门的工作原理

"高速快门"，顾名思义就是快门在进行高速运动，可以用来记录快速移动的物体，例如汽车、飞机、飞鸟、宠物、好动的小朋友、水滴以及海浪等。如图 3-24 所示，拍摄白鹭时的快门速度为 1/640 秒，可以清晰地拍摄它飞翔的情景。

▲ 图 3-24 高速快门拍摄的画面效果

专家提醒

快门落下的速度十分迅速，肉眼难以察觉。中老年朋友们在查看相机中的快门时，尽量不要让空气中的灰尘进入，以免对相机的性能造成不良影响。

慢速快门的定义与高速快门相反，是指快门以一种较低的速度进行曝光工作，通常这个速度要慢于 1/30 秒。如图 3-25 所示，是用慢速快门拍摄的画面，长时间曝光可以将车流的运动轨迹以光影的形式展示。采用慢速快门拍摄车流灯轨，曝光时间为 30 秒，通过慢门摄影，将我们平常肉眼看不到的景象在照片中描绘出来。这张在大桥中央拍摄的车流照片，视角十分独特，将三脚架放置在马路的中央，利用地面上的引导线将画面分割成垂直对称构图。同时左边车流光影为白色的车头灯，右边的车流光影为红色的车尾灯，对比性十分强烈；同时地面线条由于透视作用汇聚成一点，让照片充满了纵深感。

▲ 图 3-25 慢速快门拍摄的画面效果

专家提醒

　　在白天或光线充足的场景拍摄低速慢门时，经常容易使照片过度曝光，影响观感，这时可以调小光圈或使用减光镜哦！让环境光线不再那么强烈。

很多手机也能够调整快门速度，如华为 P10、魅族 PRO6 以及一加 3 等。以华为 P9 手机为例，打开手机相机，点击底部的图标展开参数菜单，可以看到有 ISO、S、EV、AF、AWB 等选项，其中 S 就是快门，默认为 AUTO（自动），如图 3-26 所示。

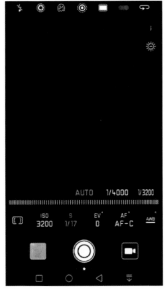

◀ 图 3-26 调整手机快门

另外，也可以在主界面中调出镜头模式菜单，在其中选择"流光快门"模式，进入后可以看到"车水马龙""光辉涂鸦""丝娟流水"以及"绚丽星轨"4 种不同类型的慢门模式，可以根据自己要拍摄的对象来选择，如图 3-27 所示。

如果您的手机无法调整快门速度，喜欢慢门摄影的中老年朋友也可以下载一些 APP 来实现快门的调节，如 iPhone 手机可以下载"慢快门相机 Slow Shutter Cam" APP，安卓手机可以下载 Camera FV-5 APP，利用第三方 APP 来实现手机快门的调节。

▲ 图 3-27 "流光快门"模式

拍照时如何选择合适的光圈

3.6

光圈是一个用来控制光线透过镜头，进入机身内感光面光量的装置，通常用 F 数值来表示光圈的大小。光圈有一个非常具象的比喻，那就是我们的瞳孔。不管是人还是动物，在黑暗的环境中瞳孔总是最大的时候，在灿烂的阳光下瞳孔则是最小的时候。因为瞳孔的直径决定着进光量的多少，相机中的光圈同理，光圈越大，进光量越大；光圈越小，则进光量也就越小。

光圈除了可以控制进光量外，还有一个重要的作用——控制景深。光圈值越大，进光量越多，景深越浅；光圈值越小，进光量越少，景深越大。当全开光圈拍摄时，合焦范围缩小，可以让画面中的背景产生虚化效果，如图 3-28 所示。

▲ 图 3-28 全开光圈拍摄可以有效虚化背景

这张照片的光圈值为 F/3.2，光圈开得比较大，此时仅合焦于蚂蚁这个被摄主体。合焦的范围就是画面的景深，因此大光圈可以形成浅景深效果，而背景中的人物和风景独被虚化。

相邻的两挡光圈间的进光量相差 1 倍，光圈值的变化是 1.4 倍。例如，F2.8 的光圈就比 F5.6 的光圈进光量大一倍，光圈大一倍，开孔直径也大了一倍，如图 3-29 所示。

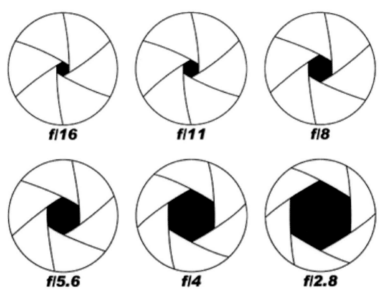

▲ 图 3-29 不同参数下的光圈叶片状态

光圈值的增加同样影响着景深效果。因此在拍摄大场景时通常使用小光圈拍摄，其是为了获得更深的景深，使其前景、中景和背景都非常清晰锐利。

大光圈可以制作浅景深和增加进光量，一旦增加了进光量，使快门速度得以提高，就可以帮助中老年朋友们不用三脚架也能拍摄出清晰的作品。小光圈则可以获得极大的景深效果，拍摄大场面夜景时十分适用。

如图 3-30 所示，使用 F/2.2 光圈值拍摄的人物照片，大光圈使远处的树木完全被虚化，让主体人物更加突出。

▲ 图 3-30 大光圈拍摄的画面效果

最大光圈是由镜头有效口径及镜头焦距所决定的，而且大多数变焦镜头的最大光圈随焦距的变化而变化，如图 3-31 所示。

▲ 图 3-31 大光圈镜头

专家提醒

以华为 P9 手机为例，光圈大小的调节有两种方法，分别是先对焦再拍照和先拍照后对焦：①先对焦，打开相机，左右拖动光圈符号旁边的调节杆，如图 3-32 所示，再拍摄照片；②后对焦，打开带有◎图标的照片，上下拖动照片中光圈符号旁边的小圆点，即可改变照片景深效果，然后保存照片即可。当然，如果想在拍摄前就选好光圈，可以在进入相机 APP 后直接进入大光圈模式。

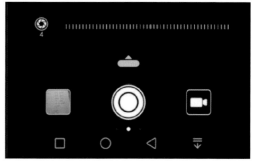

▲ 图 3-32 手机的光圈调整

IOS 感光度如何合理搭配

3.7

　　感光度就是图像传感器对光线的敏感程度，也称为 ISO（International Organization for Standardization 的缩写，是国际标准化组织的英文简称）。ISO 的调整有两句口诀：数值越高，则对光线越敏感，拍出来的画面就越亮；反之，感光度数值越低，画面就越暗。因此，中老年朋友们可以通过调整感光度将曝光和噪点控制在合适范围内。但需注意，感光度越高，噪点就越多。

　　感光度是按照整数倍率排列的，有 100、200、400、800、1600、3200、6400 以及 12800 等，相邻的两挡感光度对光线敏感程度也相差一倍。如图 3-33 所示，为相机的感光度调节范围界面。如图 3-34 所示，是联想手机的感光度调整界面。

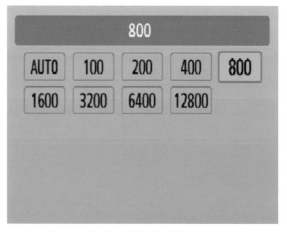

▲ 图 3-33 相机的感光度调节范围界面

◀ 图 3-34 手机的感光
度调节范围界面

感光度与光圈和快门呈等比关系。感光度提高一挡，光圈则缩小一挡或者快门速度提高一挡，才能获得正常曝光。感光度降级一挡，光圈则放大一挡或者快门速度降低一挡，才能获得正常曝光。

如图 3-35 所示，从图中可以清楚地了解在固定光圈和快门的条件下，不同的感光度对画面的曝光有不一样的效果。左图为感光度 50、光圈值 f/4.5、快门速度 1/30 拍摄的，可以看出画面纯净度十分不错，暗部没有丝毫噪点，但画面的整体明显处于偏暗状态、曝光不足。中图为感光度 200、光圈值 F/4.5、快门速度 1/30 拍摄的，画面的亮度得到了明显提升，植物的细节也能看出来了。右图为感光度 800 时的照片，亮度又得到进一步提升，但画面质量随之下降，噪点变多了。

▲ 图 3-35 调整感光度的画面变化

3.8 闪光灯使用技法

在弱光环境下，如果中老年朋友们想拍出清晰的照片，就最好打开闪光灯功能。一般手机都会自带闪光灯设备，通常有"自动""开"以及"关"3种模式。用手机拍照时需注意，使用"自动"（AUTO）闪光灯模式，在弱光环境下会自动开启闪光灯拍照，如图 3-36 所示。

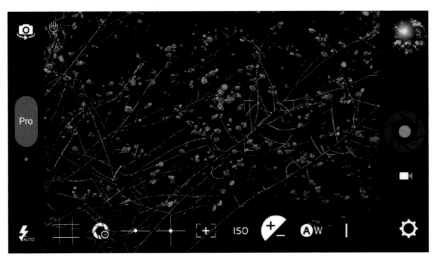

▲ 图 3-36 手机"自动"（AUTO）闪光灯模式

相机上配备有两种形式的闪光灯，一种是内置闪光灯，另一种是独立闪光灯。相机的闪光灯可以以非常快的速度打出一道强光，速度大部分在 1/500s 到 1/35000s 之间，不同的型号闪光灯速度也不同。

如图 3-37 所示，为相机内自带的闪光灯，通常位于相机的顶部，按下闪光灯按键就会弹出来，弹出的高度很大，便携性很强，但局限性很大。通常只有半画幅相机才自带有闪光灯，而专业的全画幅相机通常是没有自带闪光灯的。自带闪光灯的局限性在于，闪光灯功率偏小，通常作用只能照明，灯头是固定的，不能调整其方向，打出来的光很死板。

▲ 图 3-37 内置闪光灯

如图 3-38 所示，为独立闪光灯，灯头可以随意转动，解决了内置闪光灯的种种不足，拥有更大的功率，可调节亮度，而且内置柔光板，但独立闪光灯的局限性在于便携性十分差，装在相机上时十分笨重。

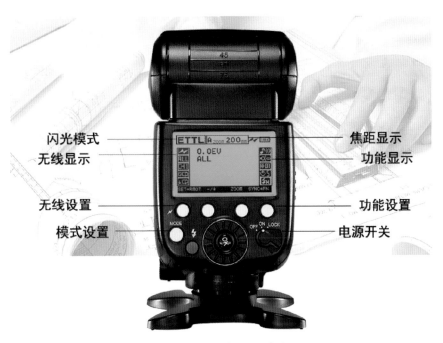

▲ 图 3-38 独立闪光灯

另外，对于追求完美的手机夜拍爱好者而言，您也可以购买专业的外置氙气闪光灯，比一般的 LED 闪光灯的发光功率更大、有效距离更长，如图 3-39 所示。可以通过蓝牙无线连接，支持遥控，让您像专业摄影师那样，离机闪光，轻松布光。外置氙气闪光灯的主要功能包括：蓝牙连接，离机闪光，270 度广角投射，闪光距离更远，更灵活更自由；6500K 太阳光显色，专业级补光效果。

▲ 图 3-39 手机外置氙气闪光灯

专家提醒

闪光灯通常用于在昏暗的环境中进行辅助拍摄，由于闪光灯能够提供强大的光线照明主体，所以快门速度通常不会很慢，可以进行手持拍摄。另外，大部分外接闪光灯都可以 360 度任意调节角度，满足中老年朋友对拍摄场景的多角度曝光需求，适用于婚庆跟拍、人像外拍、夜景拍摄以及室内静物拍摄等场景。

镜头前面常见的滤镜有哪些

3.9

单反相机除了搭配各种类型的镜头外，还拥有非常丰富的滤镜，就是安装在相机镜头前用于过滤自然光的附加镜头，常见的有 UV 镜、PL 镜、ND 镜、SL 镜以及各种特殊效果滤色镜等。

（1）UV 镜：UV 镜（Ultra Violet，紫外线滤光镜）能够有效过滤紫外线，使拍摄的照片更清晰，提升照片对比度，而且还可以保护镜头不至于被撞碎，如图 3-40 所示。

（2）PL 镜：PL 镜（Polarizers，偏光镜 / 偏振镜）主要用于过滤反射光线，如在拍摄水面、商铺的橱窗、植物或者天空时，可以消除这些非金属物体表面的反光或倒影，提升影像的画质和清晰度。如图 3-41 所示，①使用 PL 镜拍摄的水面和天空，色彩饱和度更加艳丽；②同时，水面和天空的反光明显减少，因此色彩更加湛蓝。

▲ 图 3-40 UV 镜安装在相机上

▲ 图 3-41 使用 PL 镜的效果对比

（3）ND 镜：ND（Neutral Density）镜又称中灰密度镜或减光镜，镜片表面有黑灰色涂层覆盖，其作用是用来减弱光线，与我们平时戴的墨镜一样，如图 3-42 所示。在摄影中 ND 镜主要防止照片由于曝光时间过长而过度曝光，装上 ND 镜后，光线减少了，快门速度自然而然就能降低，非常适合拍摄瀑布和流水等需要在白天拍摄的场景。如图 3-43 所示，在太阳光很强烈的情况下，在镜头前装上 ND 镜，从而将曝光时间控制在 1/8 秒，让溪流拍出雾状般的效果，十分好看。

▲ 图 3-42 ND 镜

▲ 图 3-43 使用 ND 镜拍摄的效果

（4）SL 镜：SL 镜（Sky Light filter）又称天光镜，不但具有 UV 镜的基本功能，而且还能够调节画面的色彩和色温，如图 3-44 所示。天光镜有暖色镜（Warming）和冷色镜（Cooling）两种类型，适合各种风光摄影、潜水摄影以及特殊灯光下的拍摄，可以调节画面的光线，得到更加奇妙的色彩。如图 3-45 所示，在日出时，使用冷色镜可以增加画面中的冷色调，增强清晨的意境之美。

▶ 图 3-44 SL 镜

◀ 图 3-45 使用 SL
镜的效果

（5）**特殊效果滤色镜**：这些镜片主要用于在拍摄时增加一些特殊的效果，如星光镜、柔光镜以及彩色渐变镜等。

❖ 星光镜（Star Burst）的类型比较多，如十字星光镜、雪花星光镜以及米字星光镜等，可以将环境中的点状光芒拍出各种放射状的星光效果，从而增加画面的艺术感。如图 3-46 所示，①采用星光镜让路灯呈现出星芒四射的效果；②运用慢门将路面的车流拍摄成灯轨的效果。

▶ 图 3-46 星光镜
拍摄效果

❖柔光镜（Soft Focus）又可以称为朦胧镜或者柔焦镜，可以让拍摄的画面产生一种柔化的效果，如图 3-47 所示。

❖彩色渐变镜主要用于平衡画面中的光比（被摄物暗面与亮面的受光比例），尤其对于风光摄影中的大光比问题可以很好地进行控制，让画面的色彩更加均匀，如图 3-48 所示。

▲ 图 3-47 柔光镜

▲ 图 3-48 使用彩色渐变镜的效果对比

构图技巧篇

第 4 章

构图基础,
提高中老年人的构图修养

　　众所周知,马步是基本功。其实,构图也是摄影的基本功。

　　构图对于摄影是极其重要的,构图的好坏将直接关系到作品的成功与否。但是,很多新手在用手机拍照时,特别容易忽视构图的重要性,从而导致照片的主体不突出、主题不明确等一系列问题。

　　简单地说,构图就是一种安排镜头下各个画面元素的一种技巧,通过将人物和景物等进行合理的安排和布局,从而更好地展现拍摄者要表达的主题,或者使画面看上去更加美观、有艺术感。

　　另外,不同的构图形式,可以形成不同的画面视觉感受,中老年朋友们在拍照时可以通过适当的构图形式,展现独特的画面魅力。

4.1 "活法即拍法"的摄影主题提炼理念

无论做人做事、还是摄影拍片，我们都强调，要有主题，要有构思，要有意义。

很多人拍照片，是看到对象，举机便拍，如同许多人的活法，就是随性而为。而真正拍照的高手，都会先做好构思，去挖掘拍摄对象的亮点，然后再据此或提炼一个主题去拍。

如同许多活得更精彩的人，他们的人生构思都是先制定人生目标，然后倒推，逐一去实现，过好每一天。

如果你到了老年，怕身体不好，那请从现在开始健身吧！

如果你到了老年，怕没钱养老，那请从现在开始存钱吧！

如果你到了老年，怕一事无成，那请从现在开始奋斗吧！

有人说：

你的语言，体现了你的修养。

你的文字，隐含了你的气质。

而我们想说：

一个人的拍法，就是一个人的活法。

一个人的思路，就是一个人的出路。

我们都是普通人，但愿我们做的每一件事情，都身心合一。

我们拍摄的每一张照片，有构思，有主题，有主体，有意义。

例如，下面这张照片在前期构思时，便采用黄金比例构图，将主体对象的眼睛放在最佳的视觉中心，以获得最佳美感，如图 4-1 所示。

▲ 图 4-1 使用黄金比例构图拍摄的画面美感十足

黄金时间、黄金心情，就是我们的黄金比例。

生活中，我们也要学会构思，将最重要的事放在最好的时间段，用最好的心情去做，以保证最好的效果。

生活本身，其实就是一个画面，重要的事情，其实就是我们的主题，而构思的任务，则是如何来突出主题，做好重要的事情。

那么，构图究竟有什么用呢？这里我们总结了两点：首先，构图可以为画面赋予一种形式美感；其次，构图可以营造画面的兴趣点，也就是主体。

很多大片，大家一眼看到就能感受它的美，为什么？这就是构图的作用所在，摄影大师们通常会运用各种构图方法来增加自己作品的形式美感，即使是普通的生活场景，也能随随便便用手机拍出精美的作品，让画面富有独特的韵味。

另一个作用就是主题的表达，通常一张照片都会有一个明显的主体，也就是吸引欣赏者的兴趣点所在。当然这个主体可以是你想表达的任何东西，如一朵白云、一棵树、一个人或者一缕阳光等，我们通过一定的构图形式来加强这些主体在画面中的存在感，让欣赏者的视线能集中在画面中的主体之上。

中老年朋友们在拍摄照片时，把过多的对象放在画面中很容易产生照片杂乱的问题，与很多视觉艺术一样，当您在明确了拍摄主体的时候，让画面简洁起来将是众多摄影者首先需要注意的细节，构图的要点就是画面简洁。另外，也可以采用大面积留白或者虚实对比的构图形式，从而更好地表现画面的空间深度感，而且还能形成一种艺术形象效果。

如图 4-2 所示，画面主体以及周围的环境都非常清晰，对于主体的表达来说，显得有些弱，即使题材好，也不能体现出美感。如图 4-3 所示，画面中的荷花主体是清晰的，而背景中的荷叶基本被虚化，运用虚实对比构图增强了画面的视觉冲击力。

▲ 图 4-2 主题不明确

▲ 图 4-3 主题非常明确

专家提醒

当然，中老年朋友们在构图时不要拘泥于一定的形式，生搬硬套，应该灵活运用，怎么好看怎么拍。

主题是什么？估计很多人拍照时都有这样的感受，我为什么要拍这张照片，是什么吸引我按下手机快门？这个吸引你的东西其实就是你要表达的主题，如果说主体是实实在在存在的东西，那么主题就是你要表达的画面思想，或者说是照片的灵魂所在。

很多照片的画面内容各异、构图形式不同，但却能表达出同样的主题。中老年朋友们在拍照时注意，突出画面主题的方法有这些：①将有生命的物体纳入画面中，如小孩、昆虫以及各种小动物等，可以让画面主题更加鲜明；②在画面中运用对比，可以为画面赋予更多活力，有利于表达主题。总之，中老年朋友们可以根据不同的拍摄题材，使用不同的构图形式和表现手法，创造出不同的艺术效果，更好地表达画面主题。

4 个境界，掌握摄影构图的构思方案

4.2

中老年朋友在进行前期拍摄构图时，一定要想好后期的构思方案，下面介绍摄影构思的 4 个境界，帮助大家一步步、踏踏实实地提升自己的构思水平。

1   第一个境界：前期不好，后期来补

前期照片没拍好，通过后期，来弥补前期留下的缺陷，让照片更加完美。例如，"八层透视"这张照片主要通过后期来扬长避短，做成彩绘风格，调整效果分别如图 4-4 所示。

街拍构思的要点如下。

（1）与众不同：大家或许拍过道路，怎么拍出不同，有一个好办法，就是再找一个细点，单点极致去拍，比如，专从透视构图去拍，专拍天桥系列，当时就在想一点：拍出不一样的北京道路风格来。

▲ 图 4-4 "八层透视"

（2）前后不同：前期拍摄不同还不够，后期能不同就更好了，刚好拍的当天，遇到难题了，天空灰蒙蒙的，后期没法调色，想了一个晚上，也调整了很多个版本，没有结果，第二天早上起来，才想到了用彩绘的方法来扬长避短，"扬"线条的长、透视的优点，"避"掉天空的灰暗。

后期处理思路：后期 APP 为 MIX，选择"编辑"下的"描绘"，模板名称为 D109，如图 4-5 所示。每一个模板都试过，还是觉得有点彩色与单一色彩更好看。还可以调整素描的程度，不同的百分比数值，单点可以调出数值条。

▶ 图 4-5 后期处理

2

第二个境界：后期倒推，逆学前期

通过照片后期做了哪些事，来倒推反省，逆向学习，在以后的前期拍摄时，就规避掉问题，做到不做后期处理。例如，在拍下面这组"黄山松"系列照片时，通过对称衬托来突出主体，在取景构图上尽量减少天空的画面出现，从而避免了去做过多的后期处理，如图 4-6 所示。

▲ 图 4-6 "黄山松"系列照片

3

第三个境界：前中有后，后中有前

摄影师在拍摄时，就已经想好了，前期在拍摄时怎么做后期，后期处理时需要前期拍摄该注意什么，这样让前期和后期做到最优化，两者结合，达到最美状态。例如，下面这组"沩山圣佛"照片，前期的构思主要是取景构图方面，主要是前景框式构图和仰拍框式构图，后期构思主要在色彩和影调的调整，展现出更具视觉冲击的寺庙建筑魅力，如图 4-7 所示。

▲ 图 4-7 "沩山圣佛"系列照片效果

 4 | **第四个境界：前就是后，后就是前**

这就需要摄影师既精通前期摄影，又精通后期处理，两者打通，对拍摄的照片，优点缺点明了，前期怎么构图，后期怎么处理，了然于胸，然后做到一次成品，前期拍出来的就是后期处理的，而后期要处理的前期也一步到位了。

例如，下面这两张是在岳麓山上拍摄的照片，就是通过精确的前期和后期构思，从不同的取景角度和构图方法来展示主体的特色，一步到位，前期、后期合二为一，如图 4-8 所示。

▲ 图 4-8 岳麓山系列照片

主体与陪体，构图的元素如何安排

4.3

　　手机摄影构图和传统的摄影艺术是一样的，照片所需要的要素都相同，包括主体、陪体、环境等，如同人体一般，"两只眼、一个鼻子、一张嘴巴"才有整体美观度，少了，就显得空缺。

1
　　　　　　　　　　　　　　　　　　　　　　主体：主要强调的对象

　　主体就是照片拍摄的对象，可以是人或者是物体，是主要强调的对象，主题也应围绕主体转。如图 4-9 所示，这张照片拍摄的主体就是花朵，画面主体占据大部分位置，一眼就能看出照片强调的主体，每个观众都能辨认照片主体。

▶ 图 4-9　主体就是花朵

2
　　　　　　　　　　　　　　　　　　　　　　陪体：让主体更加有美感

　　很多非常优秀的大师拍出来的照片中，都有主体，主体就是主题中心，而陪体在照片中起到烘托主体的作用。陪体对主体作用非常大，可以丰富画面展示主体，衬托主体，让主体更加有美感，对主体起到说明解释的作用。如图 4-10 所示，画面中的小草叶子为主体对象，叶子上的水珠为陪体，可以更好地渲染气氛、美化画面。

▲ 图 4-10 水珠为陪体

3   **环境：对主体进行说明**

    拍摄的环境，从严格意义上来说，环境和陪体非常类似，主要在照片中对主体起到一个说明的作用，包括前景和背景两种形式，主要对拍摄主体进行解释，可以加强观众对照片的理解，让主题更加清晰明确。

专家提醒

    环境可以间接地表现出主体，透过环境来渲染、衬托主体时，主体不一定要占据画面很大的面积，但也会突出，占据画面中关键的位置，这时可以适当采用三分线构图等来突显出主体，或者使主体与背景在色调上有明显的差异以及对比。

　　前景主要是指位于被摄主体前方，或者靠近镜头的景物。如图 4-11 所示，前面的树枝和树叶就是前景，可以用来遮挡苍白的天空，丰富画面的元素。

▲ 图 4-11　将树枝作为前景

　　背景通常是指位于主体对象背后的景物，可以让主体的存在更加和谐、自然，同时还可以对主体所处的环境、位置、时间等做一定的说明，更好地突出主体、营造画面氛围。如图 4-12 所示，以水面为背景环境，枯树干为陪体，很适合表现白鹭休憩时的姿态。

▲ 图 4-12　将水面作为背景

4.4 构图三大要素，摄影水平再上 3 个台阶

构图的基本内核是什么呢？它们便是点、线、面。一张好的照片，一定是某点、某线或某面的完美组合。构图的核心，是将画面元素，进行优化，特别是突出主题，简化背景。而人生的活法，也是将生活目标进行优化，完成要事，剔除无关。

1 点

点，是所有画面的基础，在摄影中，它可以是画面中真实的一个点，也可以是一个面，只要是画面中很小的对象就可以称为点。在照片中点所在的位置直接影响到画面的视觉效果，并带来不同的心理感受。

如图 4-13 所示，以纯黑色背景留白的形式进行拍摄，在暗淡的光线环境下，红色的娇艳花朵以"点"的形式点缀者画面，展现了强烈的形式美感。

▲ 图 4-13 使用点构图拍摄

专家提醒

在摄影中，点构图法就是将画面中的主体放置在某个点上，这种构图法主体非常明确精准，欣赏者可以很快找到主体。

2 　　　　　　　　　　　　　　　　　　　　　　　　　　　　**线**

　　线构图法中有很多不同的种类，如斜线、对角线以及透视线等，还有有形线条和无形线条等，但是它们有个共同特点，就是以线为构图原则。有形线条包括各种物体的轮廓线、影调之间的分界线等，它是直观、可视化的，可以让人们更好地把握不同物体的形象，如图 4-14 所示。

　　　　建筑物上的线条　　　　　　　　　　　　山路上的路面曲线

▲ 图 4-14 利用有形线条构图

　　在自然界中，那些看不见、摸不到的线条就是无形线条，它本身是不存在的，只是人们观察各种物体的视觉画面时存在的意念上的线条，如人眼的视线、不同景物之间的关系线以及运动物体的轨迹线等。

无形线条在摄影构图中运用起来比较难，但其表达得非常含蓄，可以巧妙地体现出物体之间的联系，并且富有寓意，大家应该多加练习和运用。如图 4-15 所示，雕塑在无形中形成了两条交叉的斜线，可以起到分割画面的作用，同时让画面看上去不那么单调无味。

▲ 图 4-15 利用无形线条构图

○ 3 面

面，是在点或线的基础上，通过一定的连接或组合，形成的一种二维或三维的效果。很多中老年朋友拍出的照片，看上去杂乱无章，就是因为没有处理好各个面之间的关系，主体和陪体等混乱不堪。因此，了解面构图的方法是非常重要的。如图 4-16 所示，花朵就是一个由三维物体投影所形成的面，表面上看去就是一朵普通的花，其实这中间包含了多个不同的面，有三角形的面、圆形的面以及五边形的面等。

◀ 图 4-16 花朵的表面可以形成多个面

专家提醒

点、线、面，可以说是构图的重要元素。中老年朋友们可以对其进行单一发挥，也可以组合运用。只要形成美丽、独特的视觉，中老年朋友们就可以尽情举起相机，记录下精彩、美丽的瞬间。

4.5

3 种不同取景手法，拍出不一样的美

　　手机照片的整体构图基本决定了这张照片的好坏。在同样的色彩、影调和清晰度下，构图更好的照片其美感也会更高。因此，中老年朋友们在使用手机拍照时，可以充分利用手机相机内的"构图辅助线"功能，以便更好地进行构图，获得更完美的画面比例。

　　构图的拍摄方向对于照片来说是关键的一步，不同的方向，拍出来的照片是截然不同的效果，学习大师常用的拍摄方向，会对自己的拍摄技术有很大帮助。同样的主体，不同拍摄角度，可以让画面产生不同的感觉。

1　　　　　　　　　　　　　　　　　　　　　　　　正面构图

　　正面方向拍摄出来的图片往往符合人类生理的观察模式，在主体正对面拍摄的就是正面，表现出来的就是主体原本的情况，正面拍摄出来的人物更具有外貌特点，比较稳重。

　　如图 4-17 所示，这种拍摄就是正面拍摄，这样拍出来的照片能比较真实地反映被摄主体的外貌，没有过多修饰成分。拍摄时镜头机位和人的观察习惯位置相同，符合观众的日常观察习惯，但是拍摄出来缺乏层次感，案例中选择影棚人造打光可以增加照片的层次感。

2　　　　　　　　　　　　　　　　　　　　　　　　侧面构图

　　侧面构图拍摄，就是站在主体侧面进行拍摄。如图 4-18 所示，蝴蝶停靠在绿色的叶子上，侧面拍摄可以突出蝴蝶的侧面轮廓，增强画面的立体感。

▲ 图 4-17 正面构图拍摄

▲ 图 4-18 侧面构图拍摄

　　　　　　　　　　　　　　　　　　　　　　　　　　　　　背面构图

　　背面拍摄就是站在主体背后用手机拍摄其背面，这样拍出的画面可以给主体留白，表现力很强。另外，背面拍摄的照片给人的主观意识非常强烈，同时可以留给观众无限的遐想空间。

　　如图 4-19 所示，这是采用连拍模式拍摄的两张照片，采用了双斜线构图形式，即人物的斜线和地面的斜线，让画面看上去更加生动，展现出了强烈的动感；②拍摄者站在了主体人物的背面，可以将主体人物与背景融为一体，背景中的事物就是主体人物所关注的对象。

▲ 图 4-19 背面构图拍摄

3 种不同构图视角，拍出对象的最美风采

4.6

在摄影中，不论我们是用手机，还是相机，选择不同拍摄角度拍摄同一个物体的时候，得到的照片的区别总是非常大的。不同的拍摄角度会带来不同的感受，并且选择不同的视点可以将普通的被摄对象以更新鲜、别致的方式展示出来。

1 平视构图

平视是指在拍摄时平行取景，取景镜头与拍摄物体高度一致，拍摄者常以站立或半蹲的姿势拍摄对象，可以展现画面的真实细节。如图 4-20 所示，采用平视角度拍摄，视觉中心通常位于画面的正中央。

▲ 图 4-20 平视角度拍摄

2 　　　　　　　　　　　　　　　　　　　　　　　　　　**仰视构图**

　　在日常摄影中,抬头拍的,我们都理解成仰拍,比如30°仰拍、45°仰拍、60°仰拍以及90°仰拍。仰拍的角度不一样,拍摄出来的效果自然不同,只有多付出耐心和多拍,才能拍出不一样的照片效果。由下而上的仰拍就像小孩看世界的视角,会让画面中的主体散发出高耸、庄严以及伟大的感觉,同时展现出视觉透视感。如图4-21所示,是90°仰拍(垂直的角度)来拍摄的照片。这种拍法要注意的是,必须站在被摄体垂直角度的中心点下方进行拍摄,否则画面将歪歪扭扭。将手机90°仰拍时,相机或手机容易拿不稳,此时照片就容易虚,因此要多多练习。

▲ 图 4-21 90°仰拍

3 　　　　　　　　　　　　　　　　　　　　　　　　　　**俯视构图**

　　俯视,简而言之,就是要选择一个比主体更高的拍摄位置,主体所在平面与摄影者所在平面形成一个相对大的夹角。俯角度构图法拍摄地点的高度较大,出来的照片视角大,画面的透视感可以很好地体现出来,画面有纵深感和层次感。

俯拍有利于记录宽广的场面，表现宏伟气势，有着明显的纵深效果和丰富的景物层次，俯拍角度的不同，照片带给人的感受也是有很大的区别的。俯拍时镜头的位置远高于被摄体，在这个角度，被摄体在镜头下方，画面透视变化很大。

如图 4-22 所示，使用俯视角度拍摄城市建筑群，①可以扩大背景的范围，②展示其宽广的视觉效果，③增强画面立体感，④同时产生一种居高临下的感觉。

▲ 图 4-22 俯视角度拍摄

专家提醒

俯拍构图选择的角度要与拍摄的对象相辅相成。有时候，是站的位置高度，决定拍摄对象的角度；为了体现拍摄对象的纵深，来选择一个合适的角度。

4.7 关于画幅的选择与构图，让照片更别致

不同的选择可以让画面拥有不同的风格，画幅的选择与构图是一种摄影的表达方式，很多时候对被摄对象起到非常关键的作用。

1 横画幅构图

横画幅构图法被广泛使用，因为横画幅在大多数情况下给观众一种舒适的感觉。横画幅的构图法给观者的感受是自然的视觉享受，很多时候，这种类型的画幅还可以用来展现水平运动趋势的主体。

如图 4-23 所示，这种横画幅构图法可以体现被摄主体的动感，符合人们的观察习惯，将小狗主体安排在画面左侧，为它跑动的方向预留空间，动感十足，这是横画幅构图带来的好处。

▲ 图 4-23 横画幅构图法拍的照片

○ 2 竖画幅构图

竖画幅就是指将相机或手机竖立拍摄的画面，当遇到有明显垂直特征的对象时，如大树、建筑或者人物等，可以表现出对象高耸、向上以及高大的视觉效果。如图 4-24 所示，这种竖画幅构图的方式省去了画面两侧不必要的空白，体现出人物的高度。

▶ 图 4-24 竖画幅构图法拍的照片

○ 3 全景画幅构图

全景画幅的视角通常都超过了90°，可以使画面中的景物表现更加宽阔、详尽，而且整个画面看上去也更加壮观。如图 4-25 所示，这种就是全景画幅构图拍摄的整体效果，可以加装鱼眼镜头来进行拍摄，利用更加开阔的视野使得画面尽可能囊括更多风光。

▲ 图 4-25 全景画幅构图

4

方画幅构图

方形画幅就是将照片中的或上下（竖幅）或左右（横幅）的多余部分裁剪掉，使其成为一个正方形大小，这种画幅可以让照片显得更有艺术气息。

方形画幅是一种比较中性的画幅形式，其特点介于横画幅和竖画幅之间，在拍摄花卉时可以体现出稳定、静止的视觉感受，如图 4-26 所示。

◀ 图 4-26 方画幅构图
法拍的照片

4.8 **雅俗共赏，尝试多角度拍摄也许更好看**

中老年朋友们在拍照时，可以从不同角度去拍摄同一个场景或者对象，如横拍、竖拍或者斜着拍等，尽可能地配合不同的构图形式去多拍一些照片，可以给人带来不同的视觉感受。

如图 4-27 所示，从不同角度和不同方位，运用不同的构图形式，拍摄位于俄罗斯首都莫斯科的凯旋门。

远景横画幅＋斜线透视构图

远景横画幅＋正面透视构图

近景横画幅＋局部构图

远景竖画幅＋正面透视构图

近景横画幅＋仰视构图

▲ 图 4-27 多角度拍摄同一对象

4.9 构图五大特质，个个能帮您拍出好片

一个人，会有其特点或者特质，比如聪明或者幽默或者帅气。一张图，也会有其特点或者特质，比如形状独特、质感强烈或者色彩很丰富。下面基于单点极致的思维，深挖构图的特质，庖丁解牛式为中老年朋友们解密构图的几个特质。在拍摄时，您可以根据拍摄对象不同，展现其不同的特质和魅力。

1 形状

形状是指物体对象的轮廓形状，它和线、面一样，存在的形式可以是实际的形状，也可以是虚拟的形状，通过这些形状展现出物体的特点，表达出景物的特点。

如图 4-28 所示，为利用雕塑的形状构图，展现艺术感。如图 4-29 所示，为利用铁塔的钢结构形状展现出建筑的庄严与和谐。

▲ 图 4-28 雕塑

▲ 图 4-29 铁塔

2 图案

图案即物体本身的元素，在拍摄时有规律的或没有规律的排列，形成某种特殊图案效果。如图 4-30 所示，屋顶的装饰形成的画面不仅色调统一，而且体现了特别有规律的美。

▲ 图 4-30 屋顶装饰

3 质感

　　不同的物体，其质感是不一样的，通过不同的质感，可以展现出物体的特殊性。在摄影中，被拍摄的对象可能通过自身材质或光线衬托，表现出一种特殊的质感。如图 4-31 所示，该照片中的树叶纹理清晰，通过特写构图的方式拍摄其局部，展现被摄主体的质感。

4 立体

　　立体的物体会给人一种空间感，让人仿佛置身于三维空间中。这里的立体，既指的是拍摄的二维对象，通过阴影与光表现出来的立体效果，也指拍摄对象本身呈现的三维立体效果。

　　如图 4-32 所示，拍摄的是大桥上的建筑物，采用侧面取景的方法，建筑物呈现出强烈的斜线透视感和立体空间感。

▲ 图 4-31 枫叶的纹理　　　　　▲ 图 4-32 大桥上的建筑物

色调通常指的是画面整体的颜色基调，也就是画面整体的一个色彩倾向，统一的色调可以展现出特定的主题。

如图 4-33 所示，该照片中整体的色调是橙红色调，不难看出整体画面想表达的主题思想就是红艳艳的枫叶。

▲ 图 4-33 橙红色调风景

应对各种拍摄对象，不同距离如何拍

4.10

　　　下面与中老年朋友们分享 4 种最常见的构图取景手法：远景取景、中景取景、近景取景以及特写取景，帮助您了解不同取景方式的主要特点和应用技巧。

1 远景取景

　　远景取景重在展示拍摄对象的全貌。当拍摄者需要反映全景、全貌或气势宏大的画面时，建议选择远距离拍摄的手法，即远景取景。

　　如图 4-34 所示，是使用了远距离拍摄的手法拍摄的雪山全景，这种远景取景的方式使画面看上去更加宽广和富有层次感。

▲ 图 4-34 远景取景

2 中景取景

　　中景取景就是指主体对象位于画面的中间部分，位于前景和背景之间，相对于远景来说，视角要更近一些，而且在构图中的作用非常重要，可以将主体对象以及周围的陪衬环境完整记录下来。

如图 4-35 所示，①前景的河流和背景的天空，非常完美地衬托出了中景的主体古镇建筑，给欣赏者带来宁静的视觉感受；②横画幅构图让画面显得更加平稳，可以给欣赏者带来广阔和安详的视觉感受。

▲ 图 4-35 中景构图拍摄古镇

3   **近景取景**

近景，顾名思义，是拍摄比较近的景物，画面以体现主体对象为主。如图 4-36 所示，采用近景取景的方式拍摄小狗躺在草地上休息的姿态，背景为黄绿色的草地，并适当虚化，与黄色的小狗毛发形成强烈的对比，让主体对象更突出。

4   **特写取景**

特写取景是对主体对象局部细节的展示，重在展现一些细微的纹理质感，呈现出更加清晰的影像视觉效果，通常，特写的物体会占据整个画面或绝大多数的画面比例。如图 4-37 所示，为对花朵进行的微距特写，将画面中的花瓣纹理以及凹凸不平的质感清晰地展现在画面中，以简洁的背景突出花瓣的画面表现力。

▲ 图 4-36 近景取景

▲ 图 4-37 特写取景

第 5 章

平面构图，
锻炼中老年人的大脑思维

　　平面构图法中有很多种不同的种类，但是它们有个共同的特点，那就是以简单的线条和平面为基础的构图法则。对于中老年朋友们来说，掌握好平面构图技巧，不但可以锻炼您的大脑思维能力，而且还能掌控简洁之美。

5.1 中央线构图，让您的照片立刻上档次

中央线构图是一种非常简单而经典的构图，主要是取画面的中心线而构图。中央线构图分为两种：横中央线构图、竖中央线构图，主要取画面中横向的中心线，或主体效果的中心线。中央线构图的优势在于简单明了，应用范围广，选择时注意主体居于其中，画面简洁而对称，换言之，要规避背景的混乱。

什么时候可以使用中央线构图呢？当您拍摄平静水面的倒影时，可以将水平线放在中央，加强对称的感觉，或者是具有垂直线条特征的主体对象时，但是要注意的是，一定要保持线条的水平或垂直度。

1　横中央线构图

横中央线构图，即取画面横向或主体对象在中心的线条构图特征，如图 5-1 所示。横中央线构图可以很好地表现出物体的对称性，具有稳定感、对称感。细心而有经验的中老年朋友会发现，横向中心线与水平线有相同之处，水平线有上、中、下之分，而横向中心线刚好是正中水平线。

▲ 图 5-1 横中央线构图拍摄的画面

2　　　　　　　　　　　　　　　　　　　　　　　　　　　　　　**竖中央线构图**

竖中央线构图，即取画面竖向或主体对象在中心的竖线条构图特征。

如图 5-2 所示，在逆光下，利用居中的门缝光影这种无形线条进行构图，简洁、明了，同时凸显画面对称的效果。

细心的中老年朋友这时也会发现，横、竖中央线构图与另一种构图又极为相似，那就是中心构图。中心构图核心是将对象置于画面中心，但有两个细节区别：一是中心对象可能是一个点、线或面的对象；二是在正中心点的位置居多，而中央线更多的是强调线或画面的对称，这便是两者细微的区别。

▲ 图 5-2 竖中央线构图拍摄的画面

三分线构图的不同玩法，效果竟然这么美　　　　　5.2

三分线构图，大多数拍过照的人会知道，但三分线细分为几种拍法，知道的人并不多。所以，能够看到这本书的人，将成为理解三分线构图深层拍法的极少数人。三分线构图在风光和人像摄影中，都是很常见的一种构图方式，就是将画面从横向或纵向分为三部分，在拍摄时，将对象或焦点放在三分线的某一位置上进行构图取景。

1　　　　　　　　　　　　　　　　　　　　　　　　　　　　　　**上三分线构图**

上三分线构图是将画面的重心放在照片中三分之一或三分之二处，如图 5-3 所示，该照片中天空占了整个画面的三分之一，荷塘占了整个画面的三分之二，这样突出了三分之二的荷塘重点景象，并且使画面更加美观。

◀ 图 5-3 上三分
线构图

◦2 下三分线构图

下三分线构图与上面的上三分线构图相对应，将重要视线放在图像下面三分之一处。如图 5-4 所示，该照片中以山与山的倒影为分界线，将湖水占了整个画面的三分之一，山峰和天空占了画面的三分之二，这样的构图可以使图片看起来更加舒适，具有美感。

▶ 图 5-4 下三分
线构图

3 **横向双三分线构图**

横向双三分线指的是在画面中有两条相互平行的横向直线，将画面分成相等的三等份，这样构图图片会具有最佳的视觉感受，如图 5-5 所示。

▲ 图 5-5 横向双三分线构图

4 **左三分线构图**

左三分线构图主要指的是主体物在画面的左侧三分之一处。如图 5-6 所示，图中主体埃菲尔铁塔就处于画面左侧三分之一处，背景是干净美丽的蓝天，使主体非常突出。

▲ 图 5-6 左三分线构图

5　　　　　　　　　　　　　　　　　　　　　　　　　　　　　**右三分线构图**

　　右三分线构图与左三分线构图相对应，指的是将主体放在画面中右侧三分之一处的位置，从而达到突出主体的目的。如图 5-7 所示，照片中的主体位于整个画面的右侧，干净整洁的画面，给人一种良好的视觉感受。

▲ 图 5-7 右三分线构图

专家提醒

　　除此之外，还有以下两种三分线构图形式。

　　（1）竖向双三分线构图：竖向双三分线与横向双三分线类似，即画面中有两条垂直平行的直线将画面平均地分成三等份，整个画面看起来很和谐。

　　（2）综合三分线：综合三分线是指有两条横竖相交的线都具备三分线的特征，使照片紧凑有力，主体得到突出。

九宫格构图的境界，赋予画面新的生命

5.3

　　很多喜欢摄影的中老年朋友对于构图最早的认识都是九宫格构图，作者在刚接触摄影时，也是通过九宫格构图的大门进入构图新世界的。

　　九宫格构图又叫井字形构图，是黄金分割构图的简化版，也是最常见的构图手法之一。九宫格构图是指将画面用横竖的各条直线分为九个空间，等分完成后，画面会形成一个九宫格线条。

　　九宫格的画面中会形成四个交叉点，我们将这些交叉点称为趣味中心点，如何利用趣味中心点进行构图？下面将继续保持垂直、细分和深挖的思维，与您分享九宫格构图拍法。

1　　　　　　　　　　　　　　　　　　　　　　　　　　　　　**左上单点构图**

　　九宫格左上单点构图，就是将被摄主体安排在了左上方的交叉点位置，其余的空间留给了背景已被虚化的绿色植物，这样可以使主体更容易识别。

　　如图 5-8 所示，将被摄主体凉亭置于左上方的位置，这种构图，是九宫格构图中较为常见的构图，这种构图相对比较符合人们的视觉习惯。在拍摄花卉等较小景物时，中老年朋友们可以多多尝试这种构图方式。

▲ 图 5-8 左上单点构图

2 　　　　　　　　　　　　　　　　　　　　　　　　　　　　　　**左下单点构图**

　　将被摄主体安排在左下方的交叉点，这种构图方法，往往可以将天空较好地收进画面中，可以有效地拍出广袤天空，增强画面空间感，在拍摄水面、地面上的主体时，较为合适。

　　如图 5-9 所示，这张照片拍摄的是水面游走的鸭子，因鸭子向右游，选择将其安排在左下的交叉点，可以将画面的意境向外延伸。

▲ 图 5-9 左下单点构图

　　应注意的是，主体放在左上单点位置还是左下单点位置，取决于以下两点。

　　一是主体对象放在上面还是下面，先视主体本身而言，而这张照片，鸭子游动的方向是往右方的，且上方为了体现广袤的湖面和太阳的倒影，放在左下单点比左上单点要合适。

　　二是背景的衬托要有利于主体的突出，所以要兼顾单纯的背景、景深的效果、视线的方向以及留白的合适性等，来决定主体具体放在哪个位置。

3　　　　　　　　　　　　　　　　　　　　　　　　　　　　**右上单点构图**

　　将被摄主体安排在右上方的交叉点，这种构图的使用也较为频繁，在选择主体下方的景物作为陪体，或者下方可以展现更多细节的时候，是使用右上单点构图的绝佳时机，同时这种构图方法可以有效地规避右上方的杂乱画面，如图 5-10 所示。

▲ 图 5-10 右上单点构图

4　　　　　　　　　　　　　　　　　　　　　　　　　　　　**右下单点构图**

　　右下单点构图，大家就更熟悉了，从视觉习惯上讲，右下角是最后的交叉点，所以这种构图往往可以带来熟悉的艺术效果。如图 5-11 所示，将轮船安排在右下方的交叉点，让人们的焦点一下集中在了主体上。

　　这里一定要与大家分享一个重要的拍摄经验，那就是我们将某个重点放置于九宫格构图的某一点，有时并不是随手可得，反而需要用心安排和精心准备。

▲ 图 5-11 右下单点构图

5.4 斜线构图，增强画面的动感和导向性

线构图法中有很多种不同的种类，如斜线、对角线和透视线等，以及有形线条和无形线条等，但是它们有个共同特点，就是以线为构图原则，如图 5-12 所示。

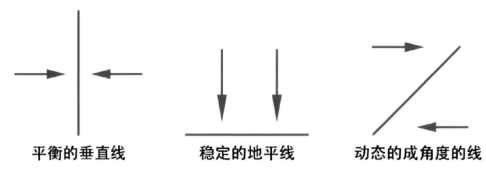

平衡的垂直线　　稳定的地平线　　动态的成角度的线

▲ 图 5-12 斜线构图与垂直线、地平线构图的区别

其中，斜线构图是在静止的横线上出现的，具有一种静谧的感觉，同时斜线的纵向延伸可加强画面深远的透视效果，斜线构图的不稳定性使画面富有新意，给人以独特的视觉效果。利用斜线构图可以使画面产生三维的空间效果，增强画面立体感，使画面充满动感与活力，且富有韵律感和节奏感。

上方正斜线构图

在风光摄影时，斜线构图是一个使用频率颇高，而且也颇为实用的构图方法。斜线构图法会给欣赏者带来视觉上的不稳定感，而多条斜线透视存在则会使画面规律化并且具有韵律，从而吸引欣赏者的目光，具有很强的视线导向性，如图 5-13 所示。

▲ 图 5-13 上方正斜线构图

将景物主体沿左上斜线放置，可以让画面充满趣味，有向中心汇聚的感觉。图 5-13 中，左上斜线构图让电线延伸到了画面右下方，从而让主体建筑更加具有吸引力。

○ 2   **上方反斜线构图**

将景物主体沿右上斜线放置，可以增加画面的形式感，同时也能产生动感，让画面充满活力。如图 5-14 所示，是采用上方反斜线构图拍摄的五彩经幡。

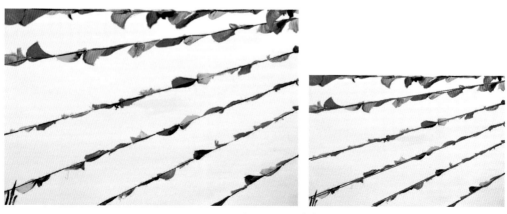

▲ 图 5-14 上方反斜线构图

3 左下斜线构图

　　将景物主体沿左下斜线放置，可以让画面充满延伸感、富有生机，在拍摄花草和建筑时经常会用到。如图 5-15 所示，采用左下斜线构图的拍摄形式，可以让整体画面充满延伸感，视觉很自然地跟随屋檐的斜线来到了标志上。

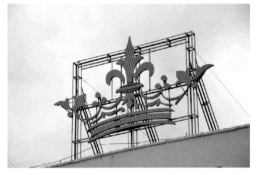

▲ 图 5-15 左下斜线构图

　　实战经验总结：在拍摄充满生机的景物时，例如花卉可以尝试用左下方斜线构图，可以让景物充满活力和生命力。在拍摄其他类型的景物时，则可以增加画面的延伸性，让画面构图更加精致。

4 右下斜线构图

　　右下斜线构图是指将景物放置在画面的右下角通过斜线延伸至画面中心。比如采用俯拍的角度拍摄铁轨，铁轨位于右下角斜线构图延伸线上，增强了画面的空间感，如图 5-16 所示。

▲ 图 5-16 右下斜线构图

5 综合斜线构图

下面我们来讲解综合斜线构图，综合斜线构图是指构图引导线由之前的 1 根变成两根，方向也更加灵活、多变。

如图 5-17 所示，摄影师通过抽象的表现形式来描绘这幅画面，寻找其中的无形线条，采用综合斜线构图展现主体的立体感。

▲ 图 5-17 综合斜线构图

如图 5-18 所示，这张图中，山脉倾斜的线条构图成了斜线构图，使山脉富有韵律感和动感，远近的山脉景象使画面更具有层次感。

总结：

（1）使用斜线构图拍摄照片时，转动镜头可以让画面新鲜。

（2）斜线构图有时还会起到引导线的作用来引导观者视线。

▶ 图 5-18 综合斜线构图拍摄山脉

5.5 对角线构图，让您的作品充满动感

对角线构图是由斜线构图衍生出的一种严谨、精确的构图手法，是比较常见的构图法之一，这种构图方式贯穿整个画面的中心位置,在对角线构图中,无论是主体还是主体所形成的倾斜直线,都必须以画面的对角线形态出现,并且对角线在视觉上会起到引导性的作用。

1　　　　　　　　　　　　　　　　　　　　　　　　　　　　**正对角线构图**

所谓的正对角线构图，指的是被拍摄的物体从左下角连接到右上角所形成的对角线，能有效利用画面对角直线的长度，富于画面动感、活泼的视觉效果，吸引观者的视线。如图 5-19 所示，画面中的屋檐呈正对角线的形式展现在照片中，赋予画面无限的延伸感。

▲ 图 5-19 正对角线构图

专家提醒

　　对角线具有很强的定向作用，也能引导视线离开正常的观察线路，向上的对角线运动会在图像中塑造一种和谐的效果，而向下的运动则会形成一种已成定局的效果。

○ 2   **反对角线构图**

　　反对角线构图是从右下角连接到左上角所形成的对角线，可以体现出很好的纵深关系和透视效果。如图 5-20 所示，照片中拍摄的是建筑物的一个角落，屋檐将画面从对角处一分为二，右上角为蓝色的天空，左下角则为建筑主体，让画面更加简洁。

▲ 图 5-20 反对角线构图

3 **多重对角线构图**

多重对角线构图，顾名思义就是多条对角线呈现在画面中。电线就是多重正对角线的直观代表，如图 5-21 所示，电线以多重对角线的形式呈现在画面中，简约又不失美感。

▲ 图 5-21 多重正对角线

5.6 C 型曲线构图，让摄影画面更生动有趣

构图是一门造型艺术，是摄影的一种语言表达形式。直接谈摄影，会有些空泛，因此，构图是以非常实在的、落地的方式，让大家直接抵达摄影的核心。下面以 C 型构图为例，纵向分析，单点极致式剖析，为中老年朋友们细分讲解 C 型构图的基本用法。

1 **正 C 型构图**

正 C 型构图也就是字母 C 型构图，即画面中的主体效果，像字母 C 型一样呈现。如图 5-22 所示，是仰视拍摄的特色建筑，采用了局部拍摄的方法，画面中道路的 C 型曲线显得很优美。

凡遇到桥梁、转盘以及圆形对象时，都可以采用这种 C 型构图来拍摄。

▲ 图 5-22　正 C 型构图

专家提醒

在作者的另一本书《手机摄影构图大全》中，第 4 章讲曲线构图时，介绍了几种常用的构图，如 S 线构图法、C 线构图法、Z 线构图法、V 线构图法、A 线构图法以及 L 线构图法等，因为这些字母其实是一种特殊的曲线构图。读者如果感兴趣，可以找这本书详细看看。

反 C 型构图

○ 2

学了前面的正 C 型构图，反 C 型构图就容易理解了，即画面中的效果或主体视线，以反字母 C 的方式呈现。前面介绍过，C 型构图其实是一种曲线构图，所以有牵引、引导视线的作用。

如图 5-23 所示，这张图片拍摄于云南的一个国家森林公园，图中的木板小路以反 C 型向前延伸着，上方的树林以斜线透视的方式配合，很容易牵引着人的视线往前走。

▲ 图 5-23 反 C 型构图

和大家分享这种摄影技巧的目的，一是要我们挖掘出拍摄对象的特色和亮点，二是找出适合体现它们特色和亮点的构图，两者是相辅相成的，这样也才能相得益彰，锦上添花。

总结：

（1）非直线的线条，在画面方向和引导观赏者视线层面，效果没有直线那么直接、强烈，但是弯曲的线条可以产生一种有机、自然、柔和的效果，同时还能给画面带来动感，好比这种 C 型效果。

（2）俗话说：胸有才华，气自横。对于玩摄影的我们来说，一定要在数量上心存多种构图技法，在深度上比常人知道更多更细的构图方法，这样，当别人只有一种构图方法拍摄时，而我们却有 5 种甚至 10 种细分的拍摄方法，这样就可以从照片的数量、质量上胜人一筹。

（3）学习了前面这么多章的构图细分内容，大家要掌握单点极致构图的一个特征，那就是从空间的不同方位进行细分、构图，如上下、左右、对角、正反以及大小等。

圆形构图，通常可以带来新奇的效果

5.7

还是那句老话：天下大事，必做于细、做于专。

当别人知道笼统的构图时，我们要知道具体的。

当别人知道具体的构图时，我们要知道细分的。

当别人知道细分的构图时，我们要知道细分构图的专业体现在哪里。

关于圆形构图的细分，我们不仅从数量上，还要从关系上研究。

 单圆形构图

单圆形构图是指画面的效果或主体以单个圆形的方式呈现。如图 5-24 所示，因为花朵是圆形构图天然的好主体，圆形是它们的特色之一，我们的拍摄就是要体现它们的特色和亮点。

▲ 图 5-24 单圆形构图

如图 5-24 所示，图中拍摄的是一朵向日葵，圆形构图的时候，把花心放在视觉的中央，圆心成为视觉中心。

专家提醒

　　作者曾经受一个摄影公众号的邀请，开发了三节专门拍花的课程，主题分别为：20种最经典的拍花构图、20种最常见的修花后期技巧、20张学员花卉作品实拍点评。

　　从课程角度讲，圆形构图其实还是比较简单的，如上面这张照片，还属于中心构图的一种，也属于特写构图。

　　有兴趣学习的朋友，可以去公众号"手机摄影构图大全"看看拍花的专题课程，会收获更多。

2 **双圆形构图**

　　双圆形构图，有两层意思，一是在数量上存在两个圆形，二是这两个圆形，可能是并列关系，也可能包含关系。

　　如图 5-25 所示，照片拍摄的花朵，花心一个小圆形，花瓣形成一个大圆形。圆形构图有着强烈的向心力，同时大家也应抓住这种放射状的效果展示。

▲ 图 5-25 双圆形构图

"借力使力"，大家一定听说过这句话。其实摄影也是一样的，也要借主体本身的"力"，比如说花朵，圆形本身就是他们的"力"——特色或亮点，那我们就必须借这个"力"来使"力"，我们使的"力"——圆形构图，来达到主体特色和构图技法合二为一的境界，也只有这样，才能更好地实现 1 加 1 大于 2 的拍摄效果。

连环圆形构图

○ 3

连环圆形构图，也有两层意思，一是存在多个圆形，二是各圆形之间环环相扣。如图 5-26 所示，这是作者在日本拍的美食的展示效果，画面中有多个圆形，成并列环扣关系，圆形构图可以使画面活泼。

▲ 图 5-26 连环圆形构图

斜线圆形构图

○ 4

斜线圆形构图的要求就更高了，首先存在圆形构图，其次圆形以斜线的方式呈现，画面中的多个圆形以斜线方式展现，如图 5-27 所示。照片中三朵绽放成圆形的烟花，呈一条斜线展示，非常漂亮。

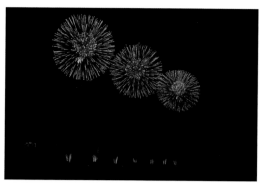

▲ 图 5-27 斜线圆形构图

5 **多个圆形构图**

多个圆形构图，就更为精彩，因为从数量上起码也是三个以上，从排列上肯定不再是连环或斜线，应该有其不确定的特色排序，如图 5-28 所示。这张照片的精彩之处有两点：一是一大八小的圆形，在数量和方位上都非常和谐；二是大小对比、上下左右呼应得特别好。

▲ 图 5-28 多个圆形构图

"相由心生"，说的是一个人的面相，是由他的内心产生和决定的。往大一点说，"相"是一种表现形式，而"心"是内容的本质。就摄影而言，构图技法其实就是一种"相"，而"心"则就是主体内容。就拿本节内容来讲，圆形构图只是一种形式，而这种形式首先来源于被摄主体的内容或特色反映，如花朵本身具有极好的圆形特质。

多点构图，照片好看又好玩

　　下面分享的是多点构图，多点构图顾名思义，就是在画面全部或部分区域有多个被摄主体存在。

　　绝不夸大，这个构图技巧超级实用！

　　多点构图还有一个更为形象的名字：棋盘式构图。

 1　　　　　　　　　　　　　　　　　　　　　**多点构图拍摄花丛**

　　拍摄花丛时，因为花丛的主体较多，分布也较密集，此时适合采用多点构图。如图 5-29 所示，在拍摄这种密集的花丛时，应调整位置，尽量从花丛的斜侧面进行拍摄。使用直射光拍摄大面积的花丛，可以给欣赏者带来轻松明快的视觉感受，同时明暗层次分明，增强了画面的表现力。

▲ 图 5-29 多点构图拍摄花丛

　　拍摄花丛时注意，首先要选择一个好的光线角度，通常可以使用侧光、逆光、侧逆光等来表现花丛的空间感；在构图方面，使用最多的就是棋盘式构图，这种构图形式可以很好地展现多个画面主体，营造出充满活力的花丛画面氛围。

2 多点构图拍摄有亮点的树枝

除花丛外，树枝也十分适合运用多点构图，当然，并不是所有树枝，选择多点构图拍摄的树枝一定要具有足够亮眼的点才行，如图 5-30 所示。

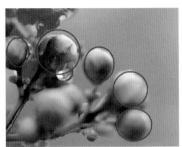

▲ 图 5-30 多点构图拍摄有亮点的树枝

从侧面进行拍摄，选用了微距镜头，焦点是画面左侧带有水滴的花苞。如果您要在树枝上的多个主体中着重表现一个对象，可以使用微距模式，并且将镜头尽可能地贴近主体对象去拍摄，可以形成不错的虚化对比，从而可以突出主体，展现其细节特征。

一般情况下，任何一幅摄影作品，不管精彩与否，其画面上都有一个突出的被摄主体，为了使所拍摄的画面有一个完美的视觉效果，摄影者都会想尽办法来突出主体，因此，突出主体是手机摄影构图的一个基本要求。

3 多点构图拍摄动物

不知道您是不是有这样的感受，在动物园想要用手机拍摄动物的时候，

发现距离太远，手机根本无法突出想拍的主体，这时该怎么拍呢？可以选择
动物群体进行多点构图，如图 5-31 所示。

▲ 图 5-31　多点构图拍摄动物

　　拍摄孔雀时，画面中有很多孔雀在草地上嬉戏，此时可以使用多点构图
的形式，展现出孔雀群居的生活习性，同时在画面中融入池塘岸边线条的斜
线特征，从而与孔雀结合以营造出远近感，同时也能增强画面的深度感。

　　另外，还需要注意利用主体周围的景色作为陪体，比如图中的石碑。当
手机镜头的画面中只有一个孤零零的被摄对象时，它的大小以及体积就会变
得难以确定了，此时，拍摄者需要借助一个大家都熟知的物体作为参照才能
更好地确定它的大小以及所占空间的范围。

多点构图拍摄美食

　　美食无规律地堆叠摆放在一起，拍摄时在侧面进行多点构图取景，可以
表现出不同寻常的一面，如图 5-32 所示。

▲ 图 5-32 多点构图拍摄美食

　　美食的摆放非常有讲究，我们可以通过不同颜色、不同大小、不同位置的美食组合成不同的摆放形式，同时尽可能将主体美食放置在画面中央，让欣赏者的视线快速集中到主体上面，展现特色美食的美感，让欣赏者产生食欲。

　　选择近距离直接拍摄多个美食对象，可以令景深更浅，更有感觉。景深的主要特点就是主体清晰、背景虚化，可以让画面主体更加突出，并且增强画面的空间层次感。

　　同时，拍摄者将多种美食进行对比，形成了一种空间平衡构图形式，这是摄影中常用的构图方式，它通过适当组织摄影者要表现的形象或实体，将其构成一个完整和谐的摄影作品，主要有以下两种方式。

　　（1）静态平衡：上或下、左或右式的对称、镜像式构图。

　　（2）动态平衡：大与小、多与少、虚与实的对比、衬托式构图。

5 　多点构图拍摄雕像

　　利用雕像具有的独特布局，可以进行多点构图，强化照片的趣味性。多点构图拍摄雕像可以为平淡的画面增添趣味性，如图 5-33 所示。拍摄时利用石柱将画面分为三等份，可以增强画面的平衡感。

▲ 图 5-33 多点构图拍摄雕像

6 **多点构图拍摄烟火**

　　绽放的烟花，在天空中呈多点分布，此时采用多点构图，十分合适。利用多点构图拍摄烟花可以将画面安排得更加合理，如图 5-34 所示。

▲ 图 5-34 多点构图拍摄烟花

中老年朋友们可以提前找到一个视野清晰的位置，预先将镜头对准烟花绽放的位置，并把曝光、对焦锁定到位，拍摄接下来的盛大烟花即可。拍摄烟花时，应将相机调整为手动模式，不使用数码变焦功能放大照片，并将光圈设置为 F8.0 或者 F11、感光度设置为 ISO200 ～ ISO400、快门速度调整为 1 ～ 8s，把闪光灯、HDR 模式都关闭。当烟花绽放后马上按下快门，以防烟花散开后的烟雾阻挡视线。

7　多点构图拍摄街边景物

街边的一些景物，虽不起眼，但巧妙运用多点构图，也能使画面十分丰富、具有视觉冲击力。在拍摄路边停着的汽车时，运用多点构图可以展现不同车型的特征，同时通过高机位体现车的整体线条，如图 5-35 所示。

▲ 图 5-35　多点构图拍摄街边的汽车

另外，画面中用两排汽车形成了有规律的无形斜线组合构图，给画面带来更多变化，增添了画面活力。同时，还要记得选择合适的角度，如采用俯视的拍摄视角，可以让画面背景更干净，主体更加突出。

8 多点构图拍摄云彩

采用多点构图，拍摄天空中漂浮的云彩，可以更好地展现画面内容，如图 5-36 所示。

▲ 图 5-36　多点构图拍摄云彩

拍摄白云时，我们可以将天空想象成一个棋盘，而白云就是这个棋盘上散落的棋子，这种无规则的排列可以让人产生一种错落有致的感觉。如果白云的位置比较高，可以加装一个长焦镜头，更好地展现白云的细节，使其层次感更强烈。

多点构图非常适合像白云这样主体对象比较多的拍摄场景，通常至少要4 个以上的被摄对象。如果是 3 个被摄对象，则可以运用三角形构图，如果是 1 个或者 2 个，则可以采用中央构图或者九宫格构图来安排主体位置。

5.9 黄金分割，构图的经典定律

众所周知，黄金比例，是最佳的视觉比例，是许多摄影人士拍片的追求。玩摄影，玩的是热情，玩的是爱好，玩的是黄金分割定律！大家知道蒙娜丽莎为什么那么美吗？本节将进行详细介绍。

1 要明白一个数值：0.618

公元前六世纪，古希腊的数学家毕达哥拉斯发现了黄金分割定律。毕达哥拉斯认为，任何一条线段上都存在着这样一点，可以使较大整体与部分的比值，等于较小部分与较大部分的比值，即较长 / 全长 = 较短 / 较长，其比值约为 0.618。

这里为大家画了两条线，一看即可明白，如图 5-37 所示。

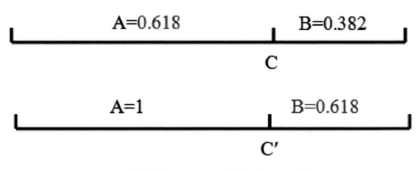

▲ 图 5-37 黄金分割的两种比例

第一条线，假设线段的全长为 1，线段 A=0.618，线段 B=0.382，那么黄金分割点即在 C 的位置，运用公式可知：0.618/1=0.382/0.618=0.618，如图 5-37 所示。

第二条线，假设线段的全长为 1.618，A=1，B=0.618，那么黄金分割点即在 C 的位置，运用公式可知，1/1.618=0.618/1=0.618，如图 5-38 所示。

$$\frac{A}{B} = 0.618 = \frac{B}{A+B}$$

部分和部分的比值等于
部分和整体的比值。

▲ 图 5-38 黄金分割的基本公式

以上两种线段分割计算比值都为 0.618，反之，短线的比值为：较短部分 / 全长 =0.382/1=0.382，较短部分 / 全长 =0.618/1.618=0.382。

更奇妙的是，这两种黄金分割法的较短部分与全长的比值也是相等的。在方法一中，较短部分 / 全长 =0.382/1=0.382，在方法二中，较短部分 / 全长 =0.618/1.618=0.382，如图 5–38 所示。由此可见，两种分割法的较短部分与全长的比值都约为 0.382，非常神奇。

在摄影构图中，黄金分割点不仅表现在对角线上的某条垂直线上的点，也是某种特殊情况下形成的螺旋线。

黄金分割点是垂直线的相交点

在摄影构图上，我们用线段就可以来表现图幅的黄金比例。相信大家都有这种困惑，黄金分割的理论好像都懂，可是在实际拍摄时，就是找不到那个具体的点。光说不练假把式，速速画出对角线，找到对角线的垂直线。垂直线与对角线交叉的点，即垂足，就是黄金分割点，如图 5-39 所示。

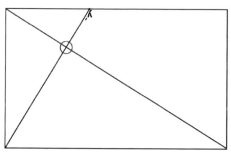

▲ 图 5-39 黄金分割点是垂直线的相交点

手机上能不能画对角线呢？可以的，只要您沿着手机的对角比画出对角线，然后将其大致分为 4 等份，除了中点之外，线上的其他两点大致就是黄金分割点。

3 黄金分割线是以正方形边长为半径延伸出的螺旋线

黄金分割除了是某条垂直线上的点之外，它还是由每个正方形的边长为半径所延伸出来的一个具有黄金数字比例的螺旋线，如图 5-40 所示。

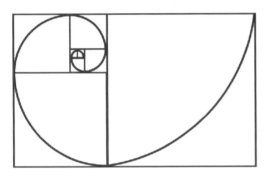

▲ 图 5-40 黄金分割线是以正方形边长为半径延伸出的螺旋线

需要注意的是，使用黄金螺旋线拍摄时，最好先将要拍摄的焦点，在线与线交会处校准好，这样才能拍出完美比例的照片。

4 黄金分割构图与三分线构图的区别

可能很多爱好摄影的中老年朋友，对黄金分割、三分法和九宫格傻傻地分不清楚。下面，作者为你理一理。三分法是把画面横向或竖向分成 3 等份，并依据画面的具体情况来选择横幅或者竖幅，即横三分线或竖三分线，如图 5-41 所示。

三分法主要用来表现具有明显线条的静物，在拍摄海、天、湖、倒影等画面时经常会用到。三分线从线的角度而言，是黄金分割线的一个雏形版，但三分线却是九宫格的半成品。

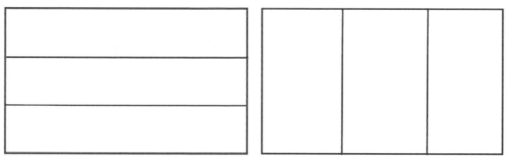

▲ 图 5-41 三分法

5   三分线与九宫格的关联

　　九宫格，相信中老年朋友们都非常熟悉，九宫格是用 4 条线将画面分成
9 块，其中，这 4 条线的交点就是黄金分割点的大略位置。而九宫格构图是
横向三分线和竖向三分线的合集，4 个红色的点是九宫格构图的要点，中老
年朋友们在拍摄时，只要把被摄对象安排在适合的一个点上，就能拍出比较
漂亮的照片，如 5-42 所示。

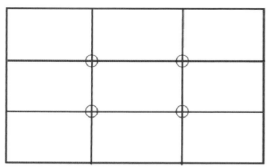

▲ 图 5-42 三分线与九宫格的关联

6   九宫格与黄金分割的关系

　　简单地说，九宫格构图是黄金分割构图的简化版，我们来看一个数据。
前面讲到黄金分割线，假设线段的全长为 1，线段 A=0.618，线段 B=0.382，
即 C 点的位置从右往左，值为 0.382，如图 5-43 所示。

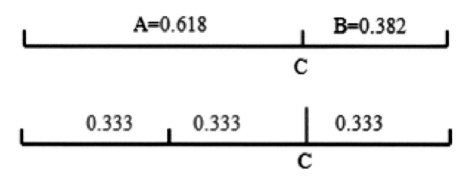

▲ 图 5-43 九宫格和黄金分割的关系

　　下面讲一下九宫格，假设线段的全长为 1，三分线左边的一条线，其位置值为 1/3=0.333，而黄金分割线 C 点的位置值为 0.382，两者仅相差 0.049。在镜头里，肉眼拍照几乎可以忽略了。所以说，九宫格构图是黄金分割构图的简化版。为了保证大家每一张照片都能拍出黄金分割构图的大片味，我们将复杂的黄金分割构图，"落地式＋四舍五入式"，通过精确的数字简化，说明大家其实只要拍好九宫格构图即可！另外，很多相机和手机都有黄金构图辅助线，中老年朋友们只需打开这个功能，对好主体位置，即可快速拍出黄金分割构图的照片。

7　轻松打造黄金比例，Photoshop 超实用工具推荐！

　　这里介绍的黄金比例工具软件是 Divine Proportions Toolkit，它实质是一款制作黄金分割线的 Photoshop 扩展插件，安装后，它会以插件的形式，出现在 Photoshop 工具面板中，提供了多种比例供大家选用，如黄金螺旋线、黄金三角线、三分法以及对角线等，中老年朋友们根据需要选择即可。

　　启动 Photoshop 软件，在"窗口"的"扩展功能"里，就可以找到安装的 Divine Proportions Toolkit，选择它即可打开该插件的工具面板，里面显示了各类黄金比例线型图。如果没有显示，可以单击右边的该插件图标，则会在左边完整展现各种黄金线型缩略图，如图 5-44 所示。

▲ 图 5-44 Divine Proportions Toolkit 插件面板

专家提醒

中老年朋友们可以从网络搜索 Divine Proportions Toolkit，下载该插件，然后解压，但注意，一定要找与自己 Photoshop 对应的版本，并注意系统的位数，否则使用不了。因为考虑使用的方便性和快捷性，作者下载使用的是 Photoshop CS6 版，展开系统的开始菜单，可以看到，安装 Photoshop CS6 后，会附带安装几个插件，其中有一个名称为 Adobe Extension Manager CS6，单击并启动该插件，我们要用这个来进行黄金比例工具软件的安装，点击"安装"按钮，选择下载的 Divine Proportions Toolkit 插件文件，就可以完成安装。

接下来就很简单了，主要分两步走：一是在 Photoshop 软件中，打开需要调整的照片；二是在 Divine Proportions Toolkit 面板中，选择并单击相应的黄金比例线型就可以了，如图 5-45 所示，对准要突出的主体对象后，沿着边线裁剪照片即可，中老年朋友们可以试着操作一下。

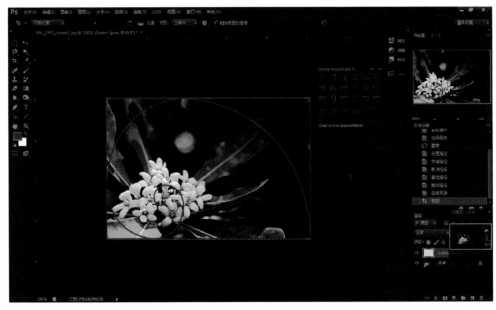

▲ 图 5-45 添加黄金构图辅助线

好在这个工具使用起来非常简单，只要点击相应的黄金比例线型，就可以自动生成比例线。中老年朋友们也可以用选区工具画出一个区域，再点击相应的黄金比例，构建局部的黄金比例线。

在裁剪二次构图时，中老年朋友们要注意以下几个细节。

（1）采用哪种黄金线型，主要取决于主体的表达和周围元素的取舍。

（2）在用比例线时，选择好范围，要借用 Photoshop 的裁剪工具，裁出需要的完整效果。

（3）比例线的颜色，是可以自定义的，中老年朋友们可以通过前景色和后景色来进行设置。

第 6 章

空间构图：
增强中老年朋友的创新能力

前面介绍了二维平面的一些基本构图技巧，本章主要介绍一些空间感非常强烈的构图形式，如透视构图、框式构图、对比构图、对称构图以及景深构图等，通过在照片中营造空间感，来增强欣赏者的带入感，使其身临其境，产生情感上的共鸣。空间构图的形式更加灵活，画面更加丰富，可以极大地增强中老年朋友的创新能力，拍出更美更好的作品。

6.1 单边透视构图，将我们的视线引领于天际

近大远小是基本的透视规律，绘图也是这样，摄影也是如此，透视构图可以增加画面的立体感，单边透视构图顾名思义也就是只有单条透视边，不同的单边透视线方向，照片带来的感觉也不一样。

上单边透视构图

上单边透视构图具有引导读者视线的作用，并且也可以增强画面的纵深感。上单边透视构图也就是透视线朝着上方延伸，仰拍大楼时，透视感很容易就可以体现出来，画面立体感强烈，如图 6-1 所示。仰拍大楼时就可以采用上单边透视构图，如图 6-2 所示。拍摄时站在大楼底部，采用仰视的拍摄角度，拍摄大楼的侧面线条。正常情况下，大楼的侧面两边应该是平行向上的，但由于镜头中的透视现象，可以看到近处的线条宽度明显要比远处的更宽，形成了近宽远窄的画面效果，增加了画面的立体感。

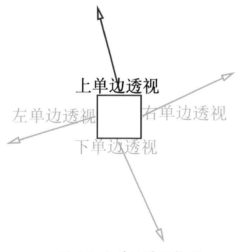

▲ 图 6-1 上单边透视构图

▲ 图 6-2 仰拍大楼

2

下单边透视构图

与上单边透视构图正好相反，下单边透视构图的透视线是朝着画面下方。下单边透视构图的主要特征是：画面上方的线条宽度比较大，而画面下方的线条宽度比较小，如图 6-3 所示。

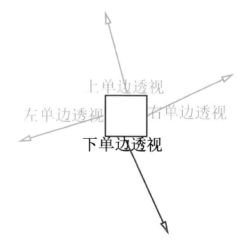

▶ 图 6-3 下单边透视构图

如图 6-4 所示，缆绳一直从画面上方从近到远地延伸，呈现出非常明显的透视效果。同时，吊着的缆车也呈现出非常明显的近大远小的构图规律。利用 4 根缆绳，在视觉上形成了下单边透视构图，使欣赏者的视线集中在远处的山上，达到了突出画面拍摄主体的效果。

▲ 图 6-4 下单边透视构图拍摄效果

3 　　　　　　　　　　　　　　　　　　　　　　　　　　**右单边透视构图**

　　单条透视线从拍摄者右边的透视方向延伸，如图6-5所示。右单边透视构图的主要特征为：实际平行物体在画面中的左侧比较大，而在右侧显示的效果却比较小，形成左大右小的右单边透视规律。

　　如图6-6所示，拍摄者站在江边，采用右单边透视构图拍摄大桥风光，可以引导欣赏者视线从画面左侧一直延伸到画面右侧，起到引导线的作用，增强了画面的远近层次感。

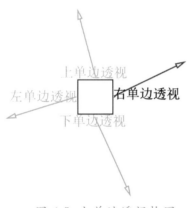

▲ 图6-5　右单边透视构图　　　　　▲ 图6-6　右单边透视构图拍摄效果

　　在实际拍摄时，中老年朋友们既可以在画面中寻找真实表现出来的实线作为透视线条，也可以使用视线连接起来的"虚拟的线"，还可以是用足够多的点以一定的方向集合在一起产生的线。

4 　　　　　　　　　　　　　　　　　　　　　　　　　　**左单边透视构图**

　　左单边透视与右单边透视刚好相反，透视线从拍摄者左边延伸，如图6-7所示。左单边透视构图的主要特征为：实际平行物体在画面中的右侧比较大，而在左侧显示的效果却比较小，形成右大左小的单边透视规律。木柜的透视线朝画面左侧延伸，体现了画面的立体感，增强了画面的活力，如图6-8所示。

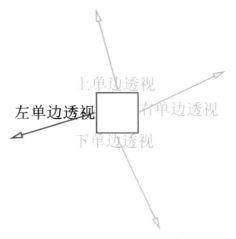

▲ 图 6-7 左单边透视构图

▲ 图 6-8 左单边透视构图拍摄效果

总结：

（1）单边透视构图近大远小，可以增强画面的立体感。

（2）单边透视构图可以分4个方向来进行构图，分别是拍摄者的上、下、左、右面，方向不同，带来的图片感受也不一样，可以作为不同的引导线，引导观者按照什么样的顺序浏览图片，取决于拍摄时按照什么方向的单边透视来构图。

（3)单边透视在日常生活中十分常见，中老年朋友们可以多拍摄试一试。

6.2 双边透视构图，给画面带来强烈的纵深感

双边透视构图又可以细分为上双边、下双边、左双边以及右双边，下面以比较常见的下双边透视构图和左双边透视构图为例，介绍双边透视构图的具体拍法。

下双边透视构图

下双边透视构图，与上双边透视构图是上下关系，是指下方存在左右两边的透视构图。大家可以理解成有点像 A 字形构图的两边，或反 V 字形构图。如图 6-9 所示，马路两边的树木分界线形成了下双边透视，以及道路的延伸，都是由远及近，形成极佳的透视效果。在线条的汇聚过程中，有些直线和平行线都以斜线的方式呈现，这样让画面更有视觉张力，纵深感很强。

▲ 图 6-9　下双边透视构图拍摄效果

左双边透视构图

左双边透视构图，是指左边存在上下两条边的透视效果，由近及远，由大变小。如图 6-10 所示，拍摄者站在房屋的左侧拍摄其正面，画面形成了明显的透视现象，使画面呈现立体与空间感，视觉焦点明确。

▲ 图 6-10 左双边透视构图拍摄效果

总结：

（1）双边透视构图可以让画面有纵深感，空间感更强。

（2）双边透视构图有四种方向取景构图，是可以发生切换的，比如拍摄位置左右换一下，就得到两边不一样的构图。

（3）在进行双边透视构图时，仰拍、平拍、俯拍会得到不同的视觉效果。

框式构图，透过"窗"看看外面的好风景

> 框式构图，也叫框架式构图，也有人称为窗式构图和隧道构图。框式构图的特征，是借助某个框式图形来构图，而这个框式图形，可以是规则的，也可以是不规则的，可以是方形的，也可以是圆的，甚至是多边形的。框式构图的重点，是利用主体周边的物体构成一个边框，可以起到突出主体的作用。

6.3

方形规则框式构图

在拍摄时选取的框架为方形时的构图，就叫作方形规则框式构图，如图 6-11 所示。利用木式窗户进行构图，照片就像画作一样，通过门窗等作为前景形成框式构图时，透过门窗的边框引导欣赏者的视线至被摄对象上，使

得画面的层次感增强，同时具有更多的趣味性，形成不一样的画面效果。

▲ 图 6-11 方形规则框式构图拍摄效果

2   **多边规则形框式构图**

多边规则形框式构图，顾名思义，存在多边且有一定规则，如六边形、圆角矩形以及梯形等。下面这张是作者采用了近距离仰拍的拍摄方法，而这张照片的特别之处在于背景的门作为框架，衬托主体，如图 6-12 所示。

◀ 图 6-12 多边规则形框
式构图拍摄效果

大家可以想象一下，如果直接拍雕像，非常直白，而这里，借用了周围的门造型框架，来衬托主体对象，该照片无论从构图技巧上，还是从主题体现上，都做到了很好的统一。

3 圆形框式构图

圆形框式构图，自然是取圆形对象作为框架的构图取景技巧。如图 6-13 所示，这是街边很普通的一景，但通过前面的圆形孔洞作为框架进行拍摄，即可减去杂乱的元素，画面也就更加清晰干净，突出主体了。

▲ 图 6-13 圆形框式构图拍摄效果

总结：框式构图可以让欣赏者感受到由框内对象和框外空间所组成的多维空间感。中老年朋友们还可以将框内、框外的多个空间元素组合在一起，这样可以更好地提升空间层次。

专家提醒

框式构图，其实还有一层更高级的玩法，大家可以去尝试一下，就是逆向思维，通过对象来突出框架本身的美，这里对象作为辅体，框架作为主体，想深入学习了解的摄友，可以加作者微信（157075539）进行详细沟通。

6.4 不规则框式构图，拍出独特的视角美

创造新颖美，首先要做的就是打破常规！不规则框式构图在生活中到处可见，下面将着重从构图出发，细分一下不规则框式构图的 4 种构图方式。

1 不规则多边形框式构图

大自然中有很多天然的物体，比如树木、草或者石头等，都是可以利用的取景框架。如图 6-14 所示，画面中，视线四周的树，组成了一个不规则的框架。因为是拍摄蓝天，采用仰拍视角，有周围树的透视效果，更容易引导视线。大家想象一下，如果没有周围的树，直接拍天空，会不会单调很多？

▲ 图 6-14 不规则多边形框式构图拍摄效果

有对象比较，才能发现对象的存在价值，如这里的树。摄影，在大多数时候，是做减法，但有时，适当做一下加法，会让画面的效果和意境更加丰富。建议在大家在进行实战拍摄时，不妨多拍几个版本，如直接拍主体对象，周围一点元素也没有，也可以将周围元素纳入一些，作为点缀。多拍、多揣摩，增加辅体元素，研究一下对主体和主题表达的意义是否有帮助。

不规划非闭合式构图

有闭合的框式，当然就有不规则非闭合的框式构图，比如说由 3 个面不同的对象，构成的不规则框式，如图 6-15 所示。

▲ 图 6-15　不规划非闭合式构图拍摄效果

上图中，下方的树尖，左边的树干和上方的树枝树叶，所组成的框架虽然不是闭合的图形，但同样可以起到引导视线的作用，而且为画面增加了延展空间。框式在大多数情况下，是作为前景出现，起到的作用有 3 点，大家要好好领悟一下：一是点缀和丰富画面；二是引导和强化视线；三是突出主题和主体。

不规则四边形框式构图

不规则四边形框式构图主要是利用主体周围的不规则元素，来构图取景，突出主体对象。如图 6-16 所示，利用凉亭的柱子和顶构成了边框，欣赏者的视线被画面中仰拍的古建筑物所吸引。

不规则条形框式构图

在日常生活中，各种围墙和栏杆到处存在，而它们形成的间隙，也是作为框式构图取景的不错选择，如图 6-17 所示。

▲ 图 6-16　不规则四边形框式构图拍摄效果

▲ 图 6-17　不规则条形框式构图拍摄效果

上图中，透过栏杆，拍摄园中的景物，在拍摄的过程中对前景栏杆进行模糊化处理，在为画面增添了层次感的同时，也添加了一种神秘的气氛。

6.5

对称构图，打破常规，让照片更加出彩

　　对称构图的含义很简单，就是将整个画面，以某个标准，如横向或竖向，抑或斜线等，形成一种对称的画面美感。对称式构图不仅具有形式上的美感，同时具有稳定平衡的特点。

1　　　　　　　　　　　　　　　　　　　　　　　　**上下对称构图**

上下对称构图，是利用中间的水平线，将画面平均分成上下两份，整个画面对称、和谐。如图 6-18 所示，拍摄有水的溶洞风景时，常常用到对称构图，岸上的风景，与水中的倒影，形成自然、和谐的对称画面。

上下对称

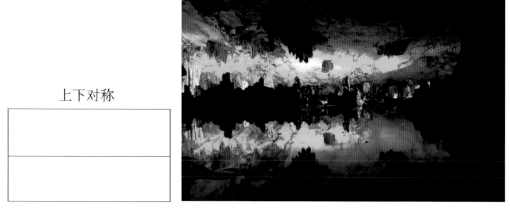

▲ 图 6-18 上下对称构图拍摄效果

2 左右对称构图

左右对称构图，是以竖向的某个标准，将画面元素形成左右相称的一种效果。用左右对称构图拍摄建筑物时，一定要讲究横平竖直，否则一旦变形，对称的美画就大打折扣了，如图 6-19 所示。

左右对称

▲ 图 6-19 左右对称构图拍摄效果

3 斜线对称构图

斜线对称构图，是以画面中存在的某条斜线或对象为分界，进行取景构图，而且斜线越是接近对角线，则分隔的画面感就越对称、越强烈。如图 6-20 所示，运用了接近对角线的斜线式构图，将画面一分为二，这样既突出了斜线上方的主体，同时斜面的两处单纯的背景，对称呼应，美感顿生。

斜线对称

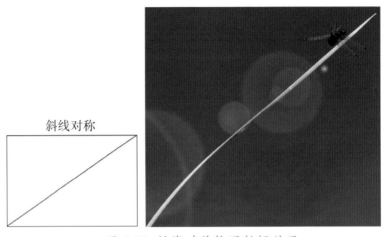

▲ 图 6-20 斜线对称构图拍摄效果

4 全面对称构图

全面对称构图，指的是画面中各个面都是对称的，有一点 360° 全面对称的味道，它包括了前面所有的对称方式：上下对称、左右对称、斜线对称、多重对称，如图 6-21 所示。

全面对称式

▲ 图 6-21 全面对称构图拍摄效果

巧用对比构图，真正让照片生动起来

6.6

对比构图的含义很简单，就是通过不同形式的对比，来强化画面的构图，产生不一样的视觉效果。对比构图的意义有两点：一是通过对比产生区别，来强化主体；二是通过对比来衬托主体，起辅助作用。

1

大小对比构图

大小对比构图通常是指在同一画面里利用大小两种对象，以小衬大，或以大衬小，使主体得到突出。在实际摄影中，可以运用构图中的大小对比来突出主体，但注意，画面尽量要简洁。如图 6-22 所示，这张照片拍摄于月牙泉沙漠，通过人物的小来衬托沙漠的广阔无际（大）。我们曾经说过，特色构图就是一定要找出拍摄对象的特色或亮点来拍。沙漠的特色之一就是极具美感的线条，我们要去发现、挖掘沙漠的这些特色。

▲ 图 6-22 大小对比构图拍摄效果

2 **远近对比构图**

远近对比构图法是指运用远处与近处的对象，进行距离上或大小上的对比，来布局画面元素。在实际拍摄时，需要摄影师匠心独运，找到远近可以进行对比的物体对象，然后从某一个角度切入，进行拍摄。

如图 6-23 所示，这张照片采用的不是常规拍法，很多人可能会直接拍夕阳，而这里采用了远近对比的构图法，让人物的手作为前景，由于距离镜头非常近，因此在画面中显得比较大，而远处的夕阳由于距离镜头非常远，在画面中自然就显得非常小。

不同对象的距离，加上手部独特的动作，在画面中便出现了这样奇特的一幕，像是用手指捏住了夕阳一般，非常有创意。

▲ 图 6-23 远近对比构图拍摄效果

3 **位置对比构图**

位置对比构图法，就是在画面中形成一个不同位置的对比，位置对比主要是体现不同的方位，它不仅可以实现画面的多元化，也可以给画面埋下伏笔。

如图 6-24 所示，画面中 3 只白鹭分别站在不同的位置上，形成了一种三角形的位置对比关系，使画面看起来更加稳定。

◀ 图 6-24 位置对
比构图拍摄效果

○ 4 **方向对比构图**

摄影中的方向对比构图法，指的是画面中出现了不同方向的对比，这样画面看上去比较发散，容易给人留下想象的空间。

如图 6-25 所示，照片中，两只猫的眼光，分别代表两个不同的方向，形成对比，吸引着人们的视觉注意力。

▶ 图 6-25 方向对比
构图拍摄效果

　　摄影的动静对比构图法，就是画面中处于运动趋势的主体和处于静止状态的主体产生了对比关系。因为照片是静止的，拍摄的主体动静都是相对的，在画面中运动主体一般以运动虚化体现运动趋势。动静对比构图法一定要眼疾手快，抓拍迅速，或者在发现有动静趋势的元素时，提前把拍摄设备拿出来拍摄。

　　如图 6-26 所示，首先看主体，这张照片的主体自然是画面中心的鸟儿，陪体则是右下角的树枝。其次看特色，这张照片的特色是抓住了鸟儿展翅时的神态，以及右边枯树枝的静谧，且利用这一动一静的方式取景构图，做到了动静分明。

▲ 图 6-26 动静对比构图拍摄效果

明暗构图，增加纵深感，空间瞬间大了

6.7

　　明暗构图，顾名思义，就是通过明与暗的对比，来取景构图，布局画面，从色彩角度让画面具有不一样的美感。明暗构图有三种境界：①以暗衬明，通过暗色来体现亮色；②以明衬暗，通过亮点来衬托暗色；③互相呼应，有暗衬明，也有明衬暗。

　　明暗构图的关键在于，看拍摄者如何根据主体和主题进行搭配和取舍，以表达画面的立体感、层次感和轻重感等。

1　　　　　　　　　　　　　　　　　　　　　　　　　**明暗对比构图：以暗衬明**

　　以暗衬明，是以暗的背景或环境衬托出主体的明亮。如图 6-27 所示，图中通过天空的黑暗、水面的暗色，来烘托明亮的主体建筑以及水中的灯光倒影。

▲ 图 6-27　以暗衬明

2 　　　　　　　　　　　　　　　　　　明暗对比构图：以明衬暗

　　前面介绍了以暗衬托明，接下来学习以明衬托暗，即以明亮的部分或背景来衬托出暗的主体元素。

　　如图 6-28 所示，就是以逆光下的明亮天空作为背景，来衬托出主体桥梁的轮廓特征，这是一种特别的暗部剪影拍法，属于比较高深的摄影技巧了。

　　要拍好明暗对比构图，应注意以下几点。

- 一是有明部。

- 二是有暗部。

- 三是有对比或衬托。

- 四是根据主题来布局以上三点。

▲ 图 6-28　以明衬暗

 3 　　　　　　　　　明暗对比构图：互相呼应（由暗衬明，由明衬暗）

　　前面侧重讲以暗衬明、以明衬暗，接下来讲互相呼应，彼此和谐互衬，更通俗一点说，就是暗部和亮部的比例大致差不多，互为衬托。如图 6-29 所示，画面中的暗部包括前景大面积的水草和中景的飞鸟，亮部则包括天空中的太阳和白云，以及下部的水面反光，这些元素共同存在于画面中，且彼此互相衬托，缺一不可。

▲ 图 6-29 互相呼应

景深构图，利用清晰与模糊的概念构图

　　能否拍出好的景深效果，是新手到高手必过的一关。好的景深效果可以虚化背景，从而实现在杂乱的背景中，依然可以突出主体的效果。

6.8

1　　　　　　　　　　　　　　　　　　　　　　　　　　**了解景深的定义**

　　要拍出景深效果，前面的对焦是基础，接下来了解一下景深的概念：当某一物体聚焦清晰时，从该物体前面的某一段距离，到其后面的某一段距离内的所有景物也都是相当清晰的，焦点相当清晰的这段前后的距离叫作景深，而其他的地方也就是模糊的（虚化）效果。如图 6-30 所示，两根红线之间的这一段距离，就叫作景深。大景深就说明距离越长，画面的清晰部分非常大；而小景深就是距离越短，画面的虚化面积非常大。

▲ 图 6-30 了解景深

2 运用景深的大小

在拍摄照片时，理论上照片只有对焦准确的部分清晰，其外的画面将会被虚化，但并不是有虚化的照片就好看，中老年朋友们要看情况而决定照片的景深，以达到自己想要的效果，也就是自己要控制景深的范围，从而增强照片的美感和表现力。

如图 6-31 所示，焦点在图片中间的美食主体上，因为使用的光圈较大，清晰的部分比较小，这就叫作小景深，小景深常用于主体比较明显的人像、动物、美食、植物花卉以及静物等拍摄题材。

◀ 图 6-31 小景深画面效果

大景深的照片则刚好与之相反，如图 6-32 所示，使用大景深拍摄小城镇的风光，可以清晰地展现建筑、马路、河流、植被和山脉等元素。像这种类型的照片就不要使用小景深去拍摄了，否则大家很难一眼看出来你拍的是什么地方。

▲ 图 6-32　大景深画面效果

 控制画面景深的技巧

控制景深最简单的方法就是调整光圈值，具体方法在本书前面的内容中已经介绍过，因此这里再介绍一些其他控制景深的技巧。

（1）**靠近被摄物体**。中老年朋友们在拍摄时，可以尽可能地靠近被摄物体，这样的话，主体与背景间的距离就会增加，就比在远处拍摄时的虚化要好。在拍摄过程中，拍摄者使用平视角度，同时将镜头贴近落叶被摄对象来拍摄，可以得到不错的浅景深效果，如图 6-33 所示。

（2）**利用长焦镜头**。景深效果也与焦距有关，焦距越长，虚化效果就越好。

（3）**通过景深 APP 来拍摄**。中老年朋友们可以在手机上安装一些能够拍出景深效果的 APP，如 AFTER FOCUS 和美图聚焦等软件，以及 camera+软件中的微距模式，都有一定的浅景深效果，可以拍出背景模糊、焦点突出的画面效果，如图 6-34 所示。

▲ 图 6-33 靠近被摄物体拍摄出浅景深画面效果

▲ 图 6-34 AFTER FOCUS（左图）和美图聚焦（右图）APP

（4）通过后期软件改变画面的景深。在这里还给中老年朋友们介绍一种景深模糊法，即通过后期软件来实现，如电脑端的 Photoshop、美图秀秀以及可牛等，还有手机端的相片大师、天天 P 图、MIX 以及 Snapseed 等 APP，都可以快速模糊或虚化照片的背景，来突出主体。如图 6-35 所示，为美图秀秀 APP 的"背景虚化"功能，可以点击屏幕上的圆形框调整虚化的大小和位置，非常方便。

▲ 图 6-35 美图秀秀 APP 的"背景虚化"功能

趣味拆图，既保证质量，又多产出数量

6.9

　　构图如何玩出深度？既保证质量，又多产出数量，于是，作者首创了这种构图新玩法——拆图游戏。即将一张照片，拆成多个有构图特点的照片，而之前的构图是否有深度或特色，这一拆便知。但切记，1 张照片变多张，需要较大的像素做支撑。因此建议大家拍照时，尽可能用最大的像素尺寸来拍，这样分拆成多张照片便清晰无忧了。

　　如图 6-36 所示，这是一张拍摄于长沙市福元路大桥的照片，整体以暖色调为主，表现出了福元路大桥的大气、磅礴。下面将其进行裁剪和拆分，看看能得到哪些新的构图形式。

▲ 图 6-36 福元路大桥：横幅构图 + 双边透视构图 + 暖色调构图

（1）**横向左三分线构图剪裁（大桥中心居于左三分线）**：如图 6-37 所示，将桥的主体位于左侧的三分线上，这样的构图可以因为三分线的特点，而让整个画面平衡、稳定。

（2）**方形剪裁**：如图 6-38 所示，利用桥道路延伸至消失处的地方，配合上方形构图，可以很轻易地营造出画面的层次感，而且让照片看起来平衡、稳重。

▲ 图 6-37 横向左三分线构图

▲ 图 6-38 方画幅构图

（3）竖版框式构图剪裁：如图 6-39 所示，这样的构图可以尽显出福元路大桥桥梁的高耸。

（4）斜线构图 + 透视构图 + 垂直线构图：如图 6-40 所示，在同一张画面中同时融入了斜线构图、透视构图、垂直线构图 3 种形式，让画面更具形式美。

▲ 图 6-39 竖版框式构图　　　　▲ 图 6-40 斜线构图 + 透视构图 + 垂直线构图

（5）左右对称构图 + 三分线构图：如图 6-41 所示，左右对称构图，可以起到平衡画面的作用，还可以突出被摄主体。同时，采用三分线构图，可以集中欣赏者的视线，突出主体对象，让画面看上去更加和谐。

（6）横向剪裁：如图 6-42 所示，这样一来，裁剪拉近了镜头感，让纵深感更加明显了。

▲ 图 6-41 左右对称构图 + 三分线构图　　　　▲ 图 6-42 横向剪裁

光影颜色篇

第 7 章

光线光影，
多动脑筋、多观察事物

　　虽然如今摄影的门槛已经大大降低，但是好照片不是轻易就可以拍出来的，除了构图外，光线光影也是非常重要的一环，用得好，您才能拍出优美的影像作品。

　　摄影可以说就是光影的艺术表现，中老年朋友们如果想要拍到好作品，必须多动动脑筋、多观察事物，要把握住最佳影调，抓住瞬息万变的光线。

7.1 教您用 3 种光源拍出创意大片

对于手机摄影来说，由于手机随身携带的便捷性，可以非常方便地利用不同的光源进行拍摄，从而得到不同的画面效果。下面详细介绍利用光源拍摄的方法。

1　　　　　　　　　　　　　　　　　　　　　　　　　　　　　自然光

自然光，显而易见就是指大自然中的光线，如日光、月光以及天体光等，这种光线随着时间的推移，光线的强弱和方向变化十分大，因此中老年朋友在拍摄时需要格外注意。如图 7-1 所示，拍摄者利用夕阳的光辉作为整个画面的光源来进行拍摄，给欣赏者呈现了不一样的视觉感受，可以为画面带来共鸣。

▲ 图 7-1　夕阳的光辉

2　　　　　　　　　　　　　　　　　　　　　　　　　　　　　人造光

人造光主要是指利用各种拍照设备产生的光线效果，如相机和手机内置的闪光灯、外置的 LED 补光灯等，拍摄者可以随意调整光源的大小、方向以及角度等，从而完成一些特殊的拍摄要求，增强画面的视觉冲击力。

在室内拍摄人物写真等照片可以根据需要布置带有一定色调的光源，如

图 7-2 所示,采用黄色的顶光光源拍摄,可以让画面更有情调,得到更好的表现。

▲ 图 7-2 室内的人造光

3 现场光

　　现场光主要是利用拍摄现场中存在的各种光源进行拍摄，如路灯、建筑里的灯光以及烟花的光线等，这种光线可以更好地传递场景中的情调，而且真实感很强。但是,需要注意的是,在拍摄时需要尽可能地找到高质量的光源,避免画面模糊。如图 7-3 所示，利用喷泉的彩灯作为光源，可以非常明朗地展现喷泉的轮廓，同时夜景的光线也富有情调。

▲ 图 7-3 喷泉的现场光

7.2 顺光拍摄，画面效果明亮好看

顺光就是指照射在被摄物体正面的光线，其主要特点是受光非常均匀，画面比较通透，不会产生非常明显的阴影，而且色彩也非常亮丽。

如图 7-4 所示，①站在顺光的角度去拍摄风车照片，这样画面中不会产生阴影，整体的感觉也非常明亮；②不过，顺光拍摄的照片，由于反差非常小，其立体感和空间感会稍显不足，因此，需要从构图的角度去完善，图 7-4 采用了中央主体构图的形式，使得画面主体更加突出。

◀ 图 7-4 顺光拍摄风车

专家提醒

顺光拍摄比较容易使用，中老年朋友们只需要依照相机或手机默认的测光结果即可，不需要对光线做过多的调整。

侧光拍摄，层次丰富、明暗有别

7.3

　　侧光是指光源的照射方向与拍摄方向几乎呈直角状态，因此被摄物体受光源照射的一面非常明亮，而另一面则比较阴暗，画面的明暗层次感非常分明，可以体现出一定的立体感和空间感，常用于风光摄影。

　　如图7-5所示，光线从左侧照射到雕塑脸部，明暗对比非常强烈，而且画面比较有立体感。在侧光中，还有一种比较特殊的形式，那就是前侧光，也就是从被摄对象的前侧方照射过来的光线，其亮部面积大于暗部面积，可以让物体大部分处于光线照射下，不但可以使层次感增强，而且还能更好地突出主体。

▲ 图 7-5 侧光拍摄的雕塑

7.4 逆光中的美丽，令人眼前一亮

逆光是指拍摄方向与光源照射方向刚好相反，也就是将镜头对着光拍照，如图 7-6 所示，可以产生明显的剪影效果，可以展现出被摄对象的轮廓。

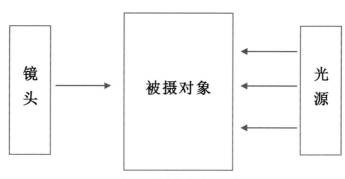

▲ 图 7-6 逆光拍摄示意图

如图 7-7 所示，在逆光照射下，对着明亮的大门口进行测光，可以得到明暗分明的半剪影人物效果，层次感非常强。

▲ 图 7-7 逆光拍摄的照片

如果光线是从被摄对象的后侧面照射过来，这种光线就称为侧逆光，同样可以体现被摄对象的轮廓。另外，侧逆光与前侧光的特征刚好相反，其受光面积要小于背光面积，表现力非常强。

如图 7-8 所示，利用侧逆光拍摄城市全景，画面中的主光源从右上角的云层背后照射下来，画面的明暗层次非常分明，营造出特殊的画面氛围。

▲ 图 7-8 侧逆光拍摄城市全景

不同强弱的光，直射光与散射光

从光的通路上看，光线可以分为直射光和散射光两种不同的光线。

7.5

直射光是指在阳光直接照射下的光线，其主要特征是非常明亮、强烈，会在物体表面形成强烈的反差，而且也会产生较大的反光。如图 7-9 所示，雕塑和屋顶在直射光的照射下，明暗层次非常分明，表面色彩很清晰，立体感比较强。

▲ 图 7-9 直射光拍摄效果

　　散射光是指太阳受到了云层、雾气、树木或者建筑等物体的遮挡，光线变成了散射状态，没有直接照射到物体表面，这种光线的主要特点是非常柔和，层次反差较小，色彩也偏灰暗，例如多云天、阴天、雨天、雾天的光线都属于散射光。

　　如图 7-10 所示，天空中的云彩非常厚，将太阳光线折射成散射光，树木表面没有产生明显的阴影，画面的色彩也比较柔和。

▲ 图 7-10 散射光拍摄效果

如图 7-11 所示，在雾气比较重的情况下，需要选择好测光点，否则拍出来的照片会显得非常暗淡，如这张照片的测光点和对焦点就选择了右下角的缆车。

▲ 图 7-11 选择缆车作为测光点，保证主体的亮度

从朝霞到夕阳，把握光线的变化

7.6

不同时段光线是不同的，尤其是早晚两个时段的光线，比较柔和，利用这类光线拍摄的画面很和谐、优美。

1　　　　　　　　　　　　　　　　　　　　　　　　　　　　　　　　**早晨、黄昏的光线**

早晨、黄昏的阳光相对来说比较柔和，而且光线的质感和色彩都非常适合手机拍照。不过，摄影对于光线的强度也有一定的要求，因此建议中老年朋友们可以选择在早晨太阳升起后以及傍晚太阳落山前 1 小时左右，在这个时间点去拍摄。

　　如图 7-12 所示，选择在太阳落山前的一段时间拍摄风光照片，此时光线足够，而且呈现出暖色调，也不会太刺眼，是拍照的好时机。

◀ 图 7-12 下午五点半
拍摄的夕阳风景照片

2　　上午的光线

　　上午的光线主要是指从太阳升起一个小时左右，一直到上午 11 点左右，这段时间内的光线，光线强度非常不错，透视感也非常强。如果要表现大场景的风光照片，可以选择利用上午的光线来拍摄，光线相对柔和，细节展示也非好，如图 7-13 所示。

▶ 图 7-13 上午 10 点左
右拍摄的机场画面效果

午间或接近午间的光线

午间的光线主要是指中午 12 点左右的光线，尤其是在晴朗的天气下，光线非常强烈，通常是垂直照射在地面，形成顶光效果，可以很好地体现出被摄对象的上下立体感，如图 7-14 所示。

▲ 图 7-14 中午 12 点左右俯拍的村镇风光

利用午间光线拍照时注意，此时的光线特别强烈，拍出来的照片通常会缺少立体感和空间感，因此中老年朋友们要善于运用独特的构图手法来弥补光线的不足。如图 7-14 所示，拍摄者趁着飞机刚起飞时，距离地面不是很高，采用俯拍的角度拍摄的村镇田野风光，光线从顶部照射下来，画面整体非常明亮。

光线暗的夜晚，如何拍出好照片

夜晚光线主要是指太阳完全落山后的光线，此时几乎没有太阳光线了，环境会比较暗，因此，中老年朋友们可以寻找城市中的霓虹灯光来进行拍摄，同时可以适当延长曝光时间，缩小光圈，增加画面的景深范围。另外，还需要保持镜头的稳定，避免画面过于模糊。

7.7

在夜晚可以使用三脚架等固定相机和手机，同时在夜幕的衬托下，可以很好地表现城市的霓虹闪烁景象，如图 7-15 所示。

▲ 图 7-15 晚上 9 点左右拍摄的城市霓虹灯光夜景

如何捕捉变幻不定的天气光线

7.8

　　大家总是希望可以在阳光晴好的日子拍摄，但是天气是多变的，利用戏剧性的天气可以使照片增色并且传达出一种别样的情调。本节将会根据不同的天气光线特色，向中老年朋友们说明拍摄要领和秘诀。

1
晴天光线拍摄技巧

　　在晴天日光充足的情况下，光线充足、色彩鲜艳，是最容易拍摄的环境，同时也是弹性最大的拍摄天气。因此，中老年朋友们应尽量选择在多云的、日照充足的天气进行拍摄。

　　如图 7-16 所示，①在晴天拍摄城市公园中的湖泊风光照片，可以选择顺光的光线形式，这样可以避免在画面中出现不必要的阴影；②同时，借助前景中的树枝遮挡部分强光，让画面看上去不会过曝。

▲ 图 7-16　晴天光线拍摄的湖泊风光照片

专家提醒

尤其是在晴天的清晨时段，此时空气比较清新，利用光线的透明度优势，通常能拍出不错的照片。同时，在逆光或半逆光的情况下，由于光与影的对比十分强烈，可以增强被摄主体的立体感，同时画面也会表现得更为生动。

2　　阴天光线拍摄技巧

阴天的云彩厚度非常大，一般可以将太阳光完全遮挡住，光线以散射光为主，较为柔和、浓郁。在阴天环境下，画面的色彩会显得非常浓郁，拍摄者利用圆形框架构图突出主体，同时适当增加 1 挡左右的曝光补偿，让画面的色彩和影调更加强烈，如图 7-17 所示。

◀ 图 7-17 阴天光线
拍摄的照片

专家提醒

　　阴天的云层比较厚，对于摄影来说这就是一个天然形成的柔光板，在这种环境下拍摄的景物阴影不会太过强烈。尤其是云层因为气压低而接近地面时，有种压迫感，只要适当地搭配景物，会有独特的效果。但是，由于阴天的光线通常不足，因此在拍摄人像时可以使用反光板来补光。

3　雨天光线拍摄技巧

　　在雨天使用手机拍摄时，地面的景物由于得不到阳光的直射，亮度会比较低，而天空的亮度又比较高，造成天地之间的光比非常大。因此，摄影者尽量不要把天空放在画面中，而应将地面的景色作为最近拍摄对象。

　　雨天比较适合用手机拍一些地面的小景或者微距题材的照片，如树叶上的水珠，可以让整个画面看上去更加通透，如图 7-18 所示。

▲ 图 7-18 拍摄树叶上的水珠

4 多云光线拍摄技巧

多云天气的光线与晴天比较相似，只是天空中的白云要更多一些，而且云层的厚度、数量都会影响光线，可以为画面带来不同的光影效果。

在多云环境下，用手机在户外拍摄人像时，人物脸上不会留下明显的阴影，而且皮肤看上去也会更加细腻，如图 7-19 所示。

▶ 图 7-19 多云光线拍摄的人像

5 雪天光线拍摄技巧

　　下雪的时候，一片纯白和苍茫，很容易拍出简洁的画面效果。在雪天环境下用手机拍摄时注意，为了避免出现画面发灰的现象，应增加曝光补偿，适当提高画面亮度。

　　如果觉得只拍雪景太过单调，也可以在背景中增添一些跳跃的色彩，如建筑物和小物件等，也可以是人物或者动植物，利用颜色的冲突形成对比，也可以形成比较有意思的画面效果。如图 7-20 所示，在雪景画面中添加了较为明显的穿着红色衣服的人物。

▲ 图 7-20 雪天光线拍摄的树林

　　雪天的色温通常比较高，拍摄出来的效果会呈现偏冷色调，因此在展现冬季的寒冷天气时，可以运用这种蓝色的冷色调来突出雪天的寒冷。下雪时，也可以寻找一些有意思的拍摄对象，如图 7-21 所示的枯树，采用顺光拍摄的形式，可以将树挂和积雪等更加突出地表现出来。

▲ 图 7-21 雪天光线拍摄的树挂

运用影调风格，眼界必须开阔

7.9

从光线的质感和强度上来区分，画面影调可以分为高调、低调和中间调，以及粗犷、细腻和柔和等。对于摄影来说，影调的控制也是相当重要的，不同的影调可以给人带来不同的视觉感受，是手机摄影常用的表达情绪的方式。

1

粗犷的画面影调

粗犷的画面影调主要特点为：明暗过渡非常强烈，画面中的中灰色部分面积比较小，基本上不是亮部就是暗部，反差非常大。

如图 7-22 所示，拍摄日落景象可以选择逆光，此时，天空中的云彩在夕阳的照射下，非常明亮，而地面却开始步入黑暗，形成强烈的对比，画面的视觉冲击力强。

◁ 图 7-22 粗犷的
画面影调

柔和的画面影调

柔和的画面影调主要特点为：在拍摄场景中几乎没有明显的光线，明暗反差非常小，被摄物体也没有明显的暗部和亮部，画面比较朦胧。

如图 7-23 所示，拍摄柔和的画面影调时应适度增加一挡曝光补偿，可以利用水面的雾气形成柔和的画面效果，展现朦胧的画面意境。

▶ 图 7-23 柔和的
画面影调

3　细腻的画面影调

细腻的画面影调主要特点为：画面中的灰色占主导地位，明暗层次感不强，但比柔和的画面影调要稍好一些，而且也兼具了柔和的特点。

通常要拍摄出细腻的画面影调，可以采用顺光或者散射光等光线。如图 7-24 所示，在顺光环境下拍摄城市风光，整体画面都非常明亮，没有明显的反差，展现出细腻的画面影调效果。

▶ 图 7-24 细腻的画面影调

4　高调画面光影

高调画面光影主要特点为：画面中以亮调为主导，暗调占据的面积非常小，或者几乎没有暗调，色彩主要为白色、亮度高的浅色以及中等亮度的颜色。

如图 7-25 所示，采用高调画面光影来拍摄人物题材，人物主体在画面中非常明亮、活泼，也没有太明显的投影，画面看上去很明朗、柔和。

◀ 图 7-25 高调画面光影

5 中间调画面光影

中间调画面光影主要特点为：画面的明暗层次和感情色彩等都非常丰富，细节把握得很好，不过其基调并不明显，可以用来展现独特的影调魅力。如图 7-26 所示，为中间调的花丛照片，画面的层次丰富、细腻，给人的视觉感受非常柔和、素雅。

▶ 图 7-26 中间调
画面光影

6 低调画面光影

低调画面光影主要特点为：暗调为画面的主体影调，色彩主要为黑色、低亮度的深色以及中等亮度的颜色，呈现出深沉、黑暗的画面风格。

在拍摄低调画面光影时，可以选择逆光或者侧光的光线形式。如图 7-27 所示，就是用的逆光拍摄，可以在画面中留下大面积的阴影部分，而受光面非常小，给欣赏者带来深沉、凝重的视觉感受。

◀ 图 7-27 低调
画面光影

第 8 章

色彩色调，
老有所为，提升审美意识

　　摄影的世界中充满了无限丰富和不断变化的色彩，摄影的艺术表现力包括很多的方面，而色彩的准确表达就是非常重要的一部分，更是感悟的表达手段。对于摄影师来说，色彩既象征不同的情感反应，又可表达某种意境与情调，因此需要中老年朋友们用心运用摄影色彩，提升审美意识。

8.1 迷离的冷色调，超有质感，经久耐看

绿色、蓝色和紫色为冷色调，象征着森林、大海和蓝天。通常我们可以使用日光白平衡模式、钨丝灯白平衡模式、荧光灯白平衡模式，使照片色彩显冷。

1 唯美蓝色调

作为天空和水的颜色，蓝色经常与代表火的红色相对应，蓝色往往象征着冷漠与距离，可以产生安静、被动以及引人深思的视觉效果。

例如，饱和蓝色可以令人想到天空和大海，产生宁静、舒服和放松等视觉效果。如图 8-1 所示，此照片主要反映蓝色的天空。

▲ 图 8-1 饱和蓝色调

浅蓝色可以令人想到的有天空、水和雪，利用浅蓝色作为画面色调时，可以给画面增加精致、俏皮、浪漫和轻松等情感，如图 8-2 所示。

◀ 图 8-2 浅蓝色调

2　　　　　　　　　　　　　　　　　　　　　　　　　清新绿色调

绿色是自然的颜色，象征着生命、青春、成长和繁荣，经常与希望、信任以及乐观这些概念联系在一起。

例如，深绿色令人联想到的有森林和橄榄树等，利用深绿色可以为作品添加安静、从容、舒适或者忧郁的情感。如图 8-3 所示，为深绿色的树叶。

▲ 图 8-3 深绿色调

浅绿色可以使人联想到春天、苹果、水滴和嫩枝等，可以为作品添加年轻、新鲜以及充满希望的情感，如图 8-4 所示。

▲ 图 8-4 浅绿色调

8.2 家应该是温暖的暖色调，温馨舒适

对于大多数人来说，橘红、黄色以及红色一端的色系总是和温馨舒适、热烈等相联系，因而称为暖色调。

梦幻红色调

红色体现的是一种能量，它可以带来一种亲近感。红色的主体往往相对更加突出，给人以极强的信号感，因此红色经常被当作警告的信号，如交通信号灯，以及足球场上裁判手中的红牌，都是红色。如图 8-5 所示，为拍摄的红色花卉。

▲ 图 8-5　红色调

2　甜美橙色调

　　橙色是暖色调，常给人温暖、明亮、健康、华丽和兴奋的感觉，且具有很强的注目性，经常被用于引人注目的情境中。如图 8-6 所示，所拍摄的是橙色的夕阳映像。

▲ 图 8-6　橙色的夕阳映像

○ 3

魅力黄色调

黄色是光的颜色，亮黄色具有明亮、积极的效果，在昏暗的环境中，黄色可以发挥其光亮度。另外，黄色也是嫉妒之色。

例如，饱和黄色可以令人想到夏天、麦田和油菜花等，产生愉快、生动和温暖的视觉感受，如图 8-7 所示。

▲ 图 8-7 饱和黄色画面效果

8.3

完美中性色，永不过时的经典色调

中性色是指灰色、黑色和白色，又称为无彩色系，它不属于冷色调，也不属于暖色调，与任何色彩搭配，起谐和、缓解作用。大自然是多姿多彩的，但有时候，中老年朋友们可以另辟蹊径，使用黑白滤镜去展现大自然的另一面，用手机拍摄出"黑白之美"。使用黑白滤镜拍摄的画面，其明暗对比更加强烈，而且画面看上去会感觉更加整体，如图 8-8 所示。

黑白颜色可以帮助照片更好地表达画面主题，同时可以表现出一种年代沧桑感。使用手机拍照，可以很方便地拍摄出黑白影像作品，只需要在手机相机中调出黑白滤镜模式即可，或者也可以使用拍照 APP 中的黑白镜头来拍摄。如图 8-9 所示，左图是彩色的古建筑照片，看上去年代感非常弱，表现力不足；右图是黑白滤镜拍摄的古建筑照片，可以增强明暗对比效果，轻松实现高品质的黑白影像展现，突出照片的历史怀旧氛围。

▲ 图 8-8 黑白色调效果

▲ 图 8-9 彩色照片和黑白照片的效果对比

专家提醒

用手机拍摄时注意，如果画面的明暗反差很小，此时也可以利用黑白滤镜，得到高对比度的黑白影像效果，突出明暗对比关系。在手机相机界面中，点击滤镜按钮，在弹出的菜单中选择"黑白"滤镜，拍摄的照片即为黑白色，如图 8-10 所示。

▲ 图 8-10 黑白色调效果

8.4 协调色，给人更加均衡平稳的感受

　　正所谓"色不在多，和谐则美"，协调色就是互相能弥补的色差混合搭配在一起。协调色的使用要注意的是避免色彩冲突，颜色的搭配是至关重要的。下面就来看看作者为大家带来的协调色拍摄方法吧。

1　　　　　　　　　　　　　　　　　　　　　　　　　　　　**黄绿混合色**

　　绿色为黄色衍生色，绿色和黄色同样也是相邻色，黄绿搭配是比较经典的配色。在摄影中，以黄绿两种颜色作为画面主要色调进行摄影，可以给人带来和谐、清爽、生动和优美的感觉。如图 8-11 所示，黄色的小花搭配整片绿色的叶子，形成一种和谐的画面效果。

▶ 图 8-11 黄绿混合
　　色调

蓝绿混合色

　　采用蓝绿双色搭配作为画面的主色调，可以让人感觉心情放松，画面和谐、协调，对比平缓，画面在视觉上更容易接受。因为蓝绿是邻近色，邻近色不会导致明显的视觉跳动。最常用的拍摄对象是蓝天和绿地，如图 8-12 所示，蓝色的天空和地面绿色的草地搭配在一起，画面非常美，容易被人接受。

◀ 图 8-12 蓝绿混合
　　色调

3 **紫红混合色**

　　紫红色在色环上是相邻色，它们反射的波长是很接近的。因此采用这种相邻色进行色调摄影，可以表现出一种和谐感，画面协调，过渡非常平滑，没有对比色那么大的视觉冲击，可以给人一种安静的感觉。如图 8-13 所示，为紫红协调色摄影法拍摄的照片效果，主体是花圃中的花卉。

▲ 图 8-13 紫红混合色调

4 **多彩颜色**

　　多种颜色组成的画面看起来很突出，画面形成强烈对比。如果采用多彩颜色进行画面摄影，则还要注意不要把互相冲突的颜色搭配在一起，如果有颜色相互冲突的元素，最好就放弃拍摄，或者后期调整，只有颜色搭配合理的照片才是和谐的、好看的。

　　如图 8-14 所示，就是多彩颜色同时出现在画面，获得了五彩缤纷的画面效果，显得很活泼、生动。

▶ 图 8-14 多彩
色调

金属色

金属色给人的感觉是厚重、稳定和复古。中老年朋友在拍摄时可以选择那些带有金属色的主体，画面选择近景，让观者可以看到主体细节，金属色给人的厚重感可以使得画面的视觉冲击力很强，如图 8-15 所示。

◀ 图 8-15 金属色

6   **霓虹色**

现代建筑霓虹灯发出来的霓虹色光，画面让观众感到有强烈的视觉冲击力，如图 8-16 所示。

▶ 图 8-16 霓虹色

霓虹色给人的感觉是新颖，现代感很强。霓虹灯属于现代产物，中老年朋友们在拍摄时可以使用城市夜晚中随处可见的霓虹灯进行取景，拍摄出具有现代主题的画面效果。

8.5 对比色，突出主次，增强视觉冲击力

色彩对比到底是有什么学问呢？各种不同的颜色相互组合时，可以通过形成的色彩对比来提高关注潜力，对比与和谐并不是对立的，和谐的颜色组合也能形成对比。接下来我们将色彩对比分为几种，一起来看看吧！

1   **互补对比**

互补色对比产生了和谐感，互补色构图可以让画面视觉冲击力较强。互

补色彩是指按一定比例混合后可以产生白光的两种颜色，比较常见的互补色彩有红色和绿色、黄色和紫色、蓝色和橙色。

在摄影中采用互补对比的原则，可以起到突出主体的作用。如图 8-17 所示，拍摄者将绿叶围绕在中间，运用互补色彩来增强画面的视觉冲击力，让照片色彩更加引人注目。

▲ 图 8-17 采用互补对比拍摄的照片

2   **冷暖对比**

例如，黄色和蓝色分别是暖色和冷色，而且它们在色轮上是属于相对位置的两种颜色。如图 8-18 所示，这张照片的整体色调蓝色与黄色各占一半，画面效果比较中和。因此，拍摄者使用修图 APP 对白平衡和色彩做了更精细的调整，使用蓝色与黄色进行冷暖对比，使色彩更加完美。

3   **色质对比**

不同物体表现出来的色质是不同，拍摄的主题就是不同色质之间的对比，色质是物体在光线的照射下反映出来的质感，也就是物体在受到光线照射下反馈给人眼的视觉感受。在摄影中，采用色质对比摄影法时，应尽量选择色质表现良好的主体，如植物、水面以及光滑的金属物体表面等。

▲ 图 8-18 采用冷暖对比拍摄的照片

如图 8-19 所示，拍摄的是一片红色的花瓣落在绿色荷叶上的照片。柔和的自然光使得红色花瓣和绿色叶子的细节更加突出，而植物的表面纹路与细腻的背景，在质感上产生了鲜明的对比，进一步增强了画面中主体对象的质感效果。

▲ 图 8-19 采用色质对比拍摄的照片

手机加滤镜拍照，画风想换就换

　　现在每个比较高级的智能手机都会自带相机滤镜和美颜的功能。比如 VIVO、OPPO 以及美图等。本节主要讲解手机相机自带的滤镜，下面以苹果手机为例，为大家介绍几款苹果手机滤镜的拍摄效果。苹果手机的相机已经自带强大的滤镜功能，如图 8-20 所示。

▲ 图 8-20　苹果相机滤镜的界面

1　　　　　　　　　　　　　　　　　　　　　　　　　　　　　　**黑白滤镜**

　　使用苹果手机拍摄黑白照片效果时，中老年朋友们可以采用"黑白"滤镜来拍摄古老的小镇或者历史悠久的文明古迹。黑白色调能够将古迹的历史痕迹清晰地展现在世人的面前，也能将人的情感带入一种古老的情境中。如图 8-21 所示，为使用"黑白"滤镜拍摄的古镇风光。

▲ 图 8-21 "黑白"滤镜拍摄效果

○ 2 色调／单色滤镜

如图 8-22 所示，为"单色"滤镜拍摄的照片，照片的层次感不是很强。如图 8-23 所示，为"色调"滤镜拍摄的照片，照片的层次感比较丰富，黑白灰的层次都比较明显，所以从两者对比可以看出，差别还是有的。

▲ 图 8-22 "单色"滤镜拍摄效果

▲ 图 8-23 "色调"滤镜拍摄效果

○ 3 铬黄滤镜

采用苹果手机中的"铬黄"滤镜，拍摄照片比较适合表现被拍摄物的色彩和色彩的鲜艳度，比如食物或者色彩鲜艳的水果等。

"铬黄"滤镜可以将食物的色泽与新鲜度完美地修饰出来，使人看到照片就有想吃的冲动。如图 8-24 所示，鱼的色泽以红色和绿色的配菜加以点缀，画面视觉感更强。

◀ 图 8-24 "铬黄"
滤镜拍摄美食的效果

4　　　　　　　　　　　　　　　　　　　　　　　　　　　　　　　**褪色滤镜**

如果想利用苹果手机中的"褪色"滤镜拍摄照片的话，建议选择比较稳定的静物进行拍摄，特别是年代比较久远的东西，"褪色"滤镜效果可以给人一种恬静、安逸的视觉感受，如图 8-25 所示。

▲ 图 8-25 "褪色"
滤镜拍摄的效果

5 怀旧滤镜

"怀旧"滤镜就是文字表面的解释，怀恋旧东西或者旧的情怀。"怀旧"滤镜拍摄的照片效果带有一种浓郁的文青气息，画面影调比较柔和，用上之后有种 20 世纪七八十年代的怀旧风，如图 8-26 所示。

▲ 图 8-26 "怀旧"滤镜拍摄的效果

6 岁月滤镜

时光飞逝，每个人都要经历岁月的洗礼，漫长的岁月会将人变成成熟淡然的人，其实就像物品一样，经历过时间可能会变得破旧不堪。当您想要拍摄一个记录自己岁月痕迹的照片时，可以将自己认为最具代表性的物品或者景物等作为拍摄的主体，来纪念和回忆自己印象深刻的过往岁月，如图 8-27 所示。

▲ 图 8-27　"岁月"滤镜拍摄

7　　　　　　　　　　　　　　　　　　　　　　　　　　　　　　　　　　**冲印滤镜**

　　当您采用"冲印"滤镜拍摄时，最好选择比较有画面感的场景，比如路标与天空，与朋友用手比爱心将天空作为背景等有感觉的画面，拍摄的效果会给您一种一切安好的心情。如图 8-28 所示，为将天空作为背景拍摄的逆光人像画面，加上"冲印"滤镜所拍摄的效果，会使人抛却烦恼享受这一刻的安好。

▲ 图 8-28　"冲印"滤镜拍摄效果

8.7 遇见山水风光，用色彩传递感情

在拍摄风景时，色彩的运用是最为重要的，利用色彩搭配的规律，将合适的颜色收入取景框，通过不同色彩的配合来传递感想，是每个摄影师的梦想。下面具体了解在拍摄自然风光时，应该如何利用好色彩。

1 巧用色温差拍摄出色照片

受天气变化和色温的影响，在不同时间段里拍摄出的风景色彩会各有不同。中老年朋友们可以根据所要表现的主题来调整曝光组合，使照片的影调和色彩变化更有韵味。如图 8-29 所示，即是通过主体和环境的色温差所形成的冷暖对比来表现画面独特美感的，丰富的色彩会使画面层次明显，具有很好的装饰性。

▲ 图 8-29 蓝色与黄色的色温差异

2 环境对风光色彩的影响

自然界是一个纷繁的世界，不同环境所表现出来的色彩也不尽相同。一

些平常的景色，在季节、气候、光线与时间的变化下，也会显现出十分美丽的色彩。每一处景物都有其不同的环境特点与情调，如江南水乡给人古朴和雅致的感觉；海岛和渔村给人活跃之感；而森林和高原则给人雄伟、辽阔之感。这种对大自然的感受，是选景取材的要点所在。

江河湖泊，总会给人一种非常广阔的气势。对于风光摄影，周围的环境不仅能够渲染被摄体，还能体现出拍摄者所要表达的意境，如图 8-30 所示。

▶ 图 8-30 环境对湖泊色彩表现的影响

照片编辑，更准确和个性化的色彩

8.8

怎样用手机相机快速拍出有创意的照片，这就需要用到后期APP 的特效功能了。很多手机相机中都内置了很多的特效镜头，用户可以根据需要使用手机相机自带特效或运用后期修图 APP 制作想要的创意效果。

例如，相机 360 APP 具有丰富特效滤镜的特效相机，如图 8-31 所示，即使中老年朋友不会后期处理技巧，也可以轻松拍出大师级照片。

▲ 图 8-31　相机 360 APP 的特效相机

　　除了直接运用特效相机拍摄外，中老年朋友们也可以通过相机 360 APP 的色彩处理功能，加强照片画面的色彩效果。如图 8-32 所示，运用相机 360 APP 的 "色彩" 工具，可以调整各种颜色的色相、明亮度和饱和度参数值，这里主要增强画面的蓝色饱和度，突出了冷调色彩的对比效果，同时也增强了画面的视觉冲击力。

▲ 图 8-32　相机 360 APP 的色彩调整功能

专题实战篇

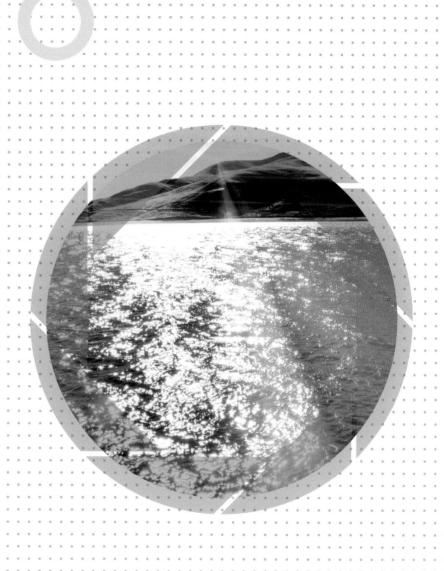

第9章

风光摄影，
感受自然美景，有助身心健康

　　中老年朋友们置身于大自然中，很容易看到各式各样的美景，此时，不妨拿起相机或者手机记录这些美丽的画面，在感受自然美景的同时，还有益于身心健康。当然，拍摄美景并不是简单地对着漂亮风光按下快门这么简单，中老年朋友们要善于与大自然交流，发掘它潜藏的魅力，同时抒发自己当时的情感。

【拍摄】：最幸福的日子，是和你一起看日出和日落

日出日落，云卷云舒，这些都是非常浪漫、感人的画面，也是手机拍照的黄金时段。拍摄这些照片，中老年朋友们不需要去远方，也不需要多么好的设备，一部手机加上一些正确的方法，即可拍摄出具有独特美感的照片效果。

如图 9-1 所示，太阳落山时，其光线呈现反射状的现象，照射在云层上的层次和力度非常明显，离太阳近的地方为橙色，然后变为黄色，最远的地方则为蓝色，形成了一种渐变的色彩效果，同时也形成了冷暖色彩对比效果，这种变幻莫测的火烧云可以吸引人们的注意，增强画面的表现力。火烧云是一种比较奇特的光影现象，通常出现在日落时分，此时云彩的亮丽色彩可以为画面带来活力，同时让天空不再单调，而是变化无穷。拍摄火烧云画面时，如果光线不足，可以将测光点对准太阳周围的云彩，展现出层次分明的云层效果。

▲ 图 9-1 日落后的火烧云

如图9-2所示,采用逆光增强晚霞效果,展现余晖中的山岳剪影的独特魅力。面对漂亮的彩霞画面,中老年朋友们可以采用逆光的形式拍摄,让前景中的景物呈现出剪影的效果,可以更好地突出彩霞风光。

▲ 图 9-2 展现彩霞的剪影

▲ 图 9-3 水面反射金光

如图9-3所示,日落时分,夕阳在水面上留下了一条长长的金色倒影,画面的感染力非常强。在日落或者日出时,太阳和彩霞照射在水面上,会反射出金色的光芒,可以形成一种仙境般的美景。

专家提醒

傍晚时分的光线比较弱,可以适当降低快门速度,并使用三脚架来稳定,加长曝光时间,获得清晰的画面效果。

【拍摄】：梦幻般的水景，仿佛暂离尘世的宁谧意境

9.2

在拍摄江河、湖泊、大海、小溪以及瀑布等水景时，画面经常充满变化，中老年朋友们可以运用不同的构图形式，再融入不同的光影和色彩表现，赋予画面美观的效果。如图9-4所示，为了让水景不单调，拍摄者在拍摄时可以将远处的山峰作为中景，增强画面的纵深层次感。

▲ 图9-4 雾气弥漫的山水画

夕阳下，水面的颜色随着天空变化非常大，总是不乏丰富的色彩，中老年朋友们可以找一个合适的位置，等待时机，按下手机快门即可。如图9-5所示，在阳光的照射下，水面变成了金黄色，而没有被光线直接照射的水面则呈现出冷蓝色，形成了鲜明的冷暖对比效果。

▲ 图 9-5 冷暖对比的水面景观

另外，在大海、湖边或者瀑布等地方，总能看到浪花翻滚的景象，拍摄时可以适当增加快门速度，记录浪花的细节，表现出波涛汹涌的浪花气势。如图 9-6 所示，采用高速快门抓拍水面上快速行驶的游艇。

▲ 图 9-6 抓拍水面上快速行驶的游艇

如果要拍摄出清晰的瀑布效果，可以使用高速快门，可以拍摄出瀑布落下的精彩瞬间，同时可以运用侧光或者侧逆光，展现瀑布的立体感。如果要拍摄出丝滑朦胧的瀑布效果，则可以使用慢速快门，达到雾化的水流效果，如图 9-7 所示。

▶ 图 9-7 慢速快门拍摄瀑布效果

在拍摄水景时，还可以利用水面倒影来表现画面的静谧感，而且可以形成一种对称构图的形式，让画面更加平衡、稳定，如图 9-8 所示。注意，您在拍摄时可以适当降低曝光补偿参数，避免水中的倒影看不清。

▲ 图 9-8 水面倒影之美

【拍摄】：不一样的山景，气势磅礴、壮丽蜿蜒

9.3

　　山景是摄影师最常用的创作题材之一，大自然中的山可以说是千姿百态，不同时间、不同位置、不同角度下的山，可以呈现出不同的表现形式，我们用手机相机拍照时，可以充分利用山的形状来进行取景构图，展现美不胜收的山景风光！

　　秋季是爬山的好时节，此时，中老年朋友们可以运用山间的植物色彩来强调画面的氛围，展现宜人的秋季景色。如图 9-9 所示，运用侧光的光线，可以真实地反映大山的顺光面的植物色彩，突出植物与背光面山景的层次感，表现出迷人的夏日美景。

▲ 图 9-9 增强山中植物的色彩表现力

山脉的形态万千，不但有单独的山峰，也有很多连绵不绝、高低起伏的山脉。在大山间行走时，中老年朋友们可以多观察，抓住细节来表现山脉风光，可以拍摄到截然不同的画面效果。如图 9-10 所示，利用大山之间的隙缝，形成框架式构图，并通过明暗对比增强画面的视觉冲击力。

▶ 图 9-10 抓住细节表现山脉

9.4 【拍摄】：美如仙境，轻松拍摄袅绕的云海和雾景

云雾是一种比较迷人的自然风光，它是由很多小水珠形成的，可以反射大量的散射光，因此画面看上去非常柔和、朦胧，让人产生如痴如醉的视觉感受。

在一些山区，雨后山坡上总是会出现云雾袅绕的奇观，这同样值得拍摄者按下手机相机的快门键。如果画面中的雾气比较淡，而且容易流动，就可以用来拍摄山水、风景等题材；如果画面中的云雾比较多，则可以适当增加手机相机的曝光补偿，提高亮度和对比度，同时使用大场景的横画幅进行构图。如图 9-11 所示，在太阳尚未升起，且雾气还没有完全消散之际，用手机拍摄雾中的山水，可以展现出雾气的缥缈质感。

▲ 图 9-11　用雾表现山水美景

在较高的山坡上，常常可以看到云雾缭绕的奇景，气势凌人的山峰加上柔美迷幻的云雾，可以形成刚与柔、虚与实的对比，可以增强画面的视觉冲击力，如图 9-12 所示。在有阳光的情况下，中老年朋友们在拍摄时可以使用点测光模式对准云雾的最亮部位进行测光，切勿曝光过度。

▲ 图 9-12　云雾中的高山

另外，在乘坐飞机时，中老年朋友们可以尽量选择一个靠窗的位置，因为这里可以很方便地拍摄空中的云层景色，这是可遇不可求的画面。在飞机拍摄天空时，由于隔着厚厚的玻璃，因此，色彩显得有些灰蒙蒙的。为了解决构图单调的问题，可以在画面右侧安排一个机翼作为搭配，用来点缀稍显空洞的画面，如图 9-13 所示。

▶ 图 9-13 在飞机上拍摄的云层

【拍摄】：一望无际的草原，是很多人向往的地方

　　一望无际的大草原是很多人向往的地方，它拥有非常开阔的视野，以及宽广的空间和辽阔的气势，因此成为大家手机摄影的创作对象。

9.5

用手机拍摄草原风光通常采用横画幅的构图形式，具有更加宽广的视野，可以包容更多的元素，能够很好地展现出草原的辽阔特色。需要注意的是，草原上的风通常比较大，建议大家使用三脚架来稳固手机，拍出更加清晰的作品。

如图 9-14 所示，采用横画幅加俯拍的角度，可以开阔画面的视野，突出大草原的开放感和辽阔感。

▲ 图 9-14 横画幅展现辽阔的草原风光

　　草原并不是单调的，不但有蓝天、白云以及碧绿的草地，而且还有羊群、马群和牛群等充满生气的动物，拍摄时可以将这些动物作为陪体，使草原画面富有生机。如图 9-15 所示，拍摄草原时可以将草原上的动物纳入画面中作为陪体，可以避免画面过于呆板，同时还能突出照片主题。

▲ 图 9-15　将草原上的动物作为陪体

专家提醒

　　在草原上，除了可以拍摄大场景的画面外，也可以拍摄一些特有的景致，如嬉戏的奶牛、奔跑的骏马、特色的蒙古包等，展现出草原的细节魅力。

【拍摄】：美不胜收的夜景，灯火中更显美丽、妖娆

9.6

夜晚没有光线，因此中老年朋友们在拍照时要善于充分利用各种灯光，这是拍摄夜景照片的关键所在，可以使夜景更加美丽。

夜晚中的城市灯光是一道非常亮丽的风景线，拍摄时可以使用大光圈模式、夜景模式或者延时模式等，增加曝光时间，得到足够明亮的画面效果。如图 9-16 所示，通过俯拍角度拍摄城市夜景，闪亮的灯光呈现更绚丽的夜景，突出了城市的繁华夜色氛围。

▲ 图 9-16 繁华灿烂的城市灯光

动静结合是夜景照片的一大特色，中老年朋友们可以利用运动的车流灯轨和静止的建筑路灯等形成对比。拍摄夜晚的车流灯轨时，首先要使用三脚架固定相机或手机，然后运用延时摄影模式和遥控快门来控制相机快门，以便拍摄到高质量的作品。如图 9-17 所示，通过加长相机的曝光时间，汽车上的灯光形成了流动效果，让画面的动感更强烈。

◀ 图 9-17 夜晚的
车流灯轨

在夜晚拍摄焰火时要注意，千万不要站在逆风或者顺风的位置上，逆风会让焰火燃放时产生的烟雾都飘向您，会影响您的视线；顺风则很难拍摄出完整的焰火形状。另外，在拍摄多个焰火同时燃放的场景时，中老年朋友可以在画面中增加一些其他元素，对焰火进行衬托和对比，让画面更加生动、有趣。如图 9-18 所示，画面右侧的轮船可以很好地衬托焰火的热烈氛围，而且还能平衡画面，使画面具有浓郁的夜景气氛。

▶ 图 9-18 五彩
缤纷的焰火

【拍摄】：无边的沙漠，浩浩渺渺，像黄色的大海

9.7

沙漠摄影面对的挑战是如何在空旷的沙漠捕捉到不寻常的画面，这需要一定的运气、时间和耐心，得花费大量的时间做准备工作并提前想好题材和拍摄方法。如图9-19所示，人群在沙漠细长的道路中行走，沙漠在人群的衬托下显得非常广阔，凸显了沙漠的空旷感。

◀ 图 9-19 沙漠与行人

在拍摄沙漠的时候，为了使画面更加具有故事性，可以捕捉一些在沙漠行走的人、骆驼或者拍摄沙丘上的脚印等。如图9-20所示，行走中的人、骆驼与沙漠相结合，不仅丰富了画面，且使画面具有故事情节。

▲ 图 9-20 拍摄具有故事情节的沙漠照片

9.8

【后期】：使用 Photoshop 处理"浪漫之路"

　　如图 9-21 所示，这张照片拍摄于奥地利首都维也纳的美泉宫内，这里是维也纳最负盛名的旅游景点。美泉宫后面的皇家花园是一座典型的欧式园林，纷纷扬扬的落叶洋洋洒洒地从树上飘舞下来，漫步其中，仿佛踏上了一条"黄金大道"，展现出浪漫的画面氛围。

▲ 图 9-21　"浪漫之路"

　　这张照片采用了线性透视构图、框式构图和暖色调构图，如图 9-22 所示。花园里的道路以及两边的树木形成了双边透视构图，加上道路的延伸，形成极佳的透视效果。另外，树木将整个马路围了起来，同时也遮住了头顶的天空，形成了一种框式构图效果，可以展现极强的空间感。

▲ 图 9-22 构图解析

　　在这张照片中，树上的叶子以及地上的落叶大多是黄色的，因此画面的主色调为暖色调，可以带来温暖、浪漫的视觉感受。黄色类似于橙色，但是黄色明度更高，黄色是非常明亮的颜色，给人的感觉就是生机勃勃。黄色是暖色调，在拍摄人物时用得较多，金色反光板的反射光线就是黄色。在很多时候，黄色调是比较好用的色调，属于万能色调。

　　随着季节的变化，不同季节呈现出的色调都是不一样的，在后期处理中，可以利用 Photoshop 的"通道混合器"命令，对颜色通道进行混合设置，再结合"色阶"和"亮度 / 对比度"等命令，使画面的视觉感受更强烈。

步骤 01　选择"文件"|"打开"命令，打开一幅素材图像，如图 9-23 所示。

步骤 02　按 Ctrl ＋ J 组合键复制图层，得到"图层 1"，如图 9-24 所示。

▲ 图 9-23 打开素材图像　　　　▲ 图 9-24 复制图层

步骤 **03** 新建"通道混合器 1"调整图层,在"属性"面板中,设置"输出通道"为"红",设置相应的参数依次为 135、0、0,即可加强画面的红色调,效果如图 9-25 所示。

步骤 **04** 选择"通道混合器 1"调整图层的图层蒙版,选取工具箱中的画笔工具,设置前景色为黑色,运用画笔工具在画面中的路面、树干上涂抹,隐藏部分调整效果,效果如图 9-26 所示。

▲ 图 9-25 调整通道混合器效果

▲ 图 9-26 隐藏部分调整效果

步骤 **05** 按住 Ctrl 键的同时单击"通道混合器 1"的图层蒙版缩览图,将蒙版载入选区,如图 9-27 所示。

步骤 **06** 新建"色彩平衡 1"调整图层,在"属性"面板中将相应参数依次设置为 21、−19、12,整体画面偏暖色,有种秋天的氛围,效果如图 9-28 所示。

▲ 图 9-27 载入选区

▲ 图 9-28 调整色彩平衡效果

步骤 07　新建"色阶1"调整图层，在"属性"面板中设置输入色阶参数依次为15、0.68、239，执行操作后，增强画面的影调层次，效果如图9-29所示。

步骤 08　新建"亮度/对比度1"调整图层，在"属性"面板中设置相应的参数依次为20、17，提高画面整体的亮度和对比度，效果如图9-30所示。

▲ 图9-29 增强画面的影调层次

▲ 图9-30 最终效果

【后期】：使用MIX滤镜大师处理"水雾东江"　　9.9

　　如图9-31所示，拍摄的是小东江的雾景。趁着日出之前前往景区拍照，整个湖面被雾气笼罩，呈现出一种朦胧美，显得非常诡异、神奇，水雾在湖面上蒸腾而上，在幽静的山水之间随风飘荡。

　　这张照片的主要构图为蓝色调构图、斜线构图和倒影构图，如图9-32所示。画面的主体色调为蓝色，展现出清爽、幽静的画面氛围。同时，利用山坡的斜线，加上湖面的各种倒影，在雾气中显得更加梦幻、唯美，虚虚实实，让人仿佛置身于仙境一般。

▲ 图 9-31 "水雾东江"

▲ 图 9-32 主要构图

　　小东江的雾主要是由于东江湖深坝底部流出的水温度非常低，而湖面的稳定，则上升得比较快，产生了很大的温差，因而形成了雾漫小东江的奇景。要拍摄这种景观，大家尽量选择每年的 4—10 月去，其中 7 月和 8 月是最好的拍摄时期。可以寻找早上日出前一个小时左右，或者日落后半小时左右，随着日出日落带来的温度变化，拍摄到整个雾漫的变化过程。

　　在后期处理中，主要运用 MIX APP 调整画面影调，为整个画面赋予一层蓝色的影调，给人带来清冷、安静的视觉感受。

步骤 01 打开 MIX APP，在主界面中选择"编辑"功能，打开素材照片，点击右下角的"编辑工具箱"按钮，如图 9-33 所示。

步骤 02 进入"调整"界面，设置"曝光"为9，如图 9-34 所示。

▲ 图 9-33 点击"编辑工具箱"按钮

▲ 图 9-34 调整曝光

步骤 03 在"调整"界面，继续设置❶"对比度"为32、❷"层次"为40、❸"自然饱和度"为63，增强画面的影调层次感，如图 9-35 所示。

步骤 04 在"调整"界面中，设置❶"色温"为 –58、❷"色调"为16，调出冷色调效果，如图 9-36 所示。

步骤 05 ❶在"效果"选项区中找到 LOMO 效果，❷展开后在其中点击 L6 效果缩略图，❸再次点击 L6 缩略图，将"程度"设置为80%，增加暗角效果，如图 9-37 所示。

▲ 图 9-35 增强画面的影调层次感

▲ 图 9-36 调出冷色调效果

▲ 图 9-37 增加暗角效果

【后期】: 使用 MIX 滤镜大师处理"最美夕阳"

9.10

　　如图 9-38 所示, 这张照片拍摄的是夕阳下的落日余晖, 夕阳西下, 渐落的夕阳和广阔的湘江岸线确实是美得无法形容。这张照片是在一座高楼的楼顶拍摄的, 这里可以看到狭长的大桥与远方的晚霞交相辉映, 相得益彰。

　　主要构图为明暗对比构图, 增强了画面的层次感; 其他构图形式包括逆光、放射透视、水平线以及斜线透视等, 如图 9-39 所示。

◀ 图 9-38 "最美夕阳"

▲ 图 9-39 构图解析

　　早晨、黄昏的阳光相对来说比较柔和，而且光线的质感和色彩都非常适合拍照。不过，使用手机拍摄时注意，手机对于光线的强度也有一定的要求，因此建议大家可以选择在早晨太阳升起后以及傍晚太阳落山前 1 小时左右，这些时间点去拍摄。这张照片拍摄于日落时分，此时云彩的亮丽色彩可以为画面带来活力，同时让天空不再单调，而是变化无穷。用手机拍摄夕阳画面时，如果光线不足，可以将测光点对准太阳周围的云彩，展现出层次分明的云层效果。

　　从照片中可以看到，此时太阳已经落山，其光线呈现反射状的现象，照射在云层上的层次和力度非常明显，离太阳近的地方为橙色，然后变为黄色，最远的地方则为蓝色，形成了一种渐变的色彩效果，同时也形成了冷暖色彩对比效果，这种变幻莫测的如火夕阳可以吸引人们的注意，增强了画面的表现力。

　　在后期处理中，主要运用 MIX APP 调整画面的曝光、高光和阴影部分的影调效果，增强画面的光影层次感，让日落光线更加迷人。

　　步骤 01　打开 MIX APP，在主界面中选择"编辑"功能，打开素材照片，点击左下角的"裁剪"按钮，如图 9-40 所示。

　　步骤 02　进入"裁剪"界面，❶选择"水平"工具，❷配合网格工具适当校正画面的水平线，如图 9-41 所示。

▲ 图 9-40 点击"裁剪"按钮

▲ 图 9-41 校正画面的水平线

步骤 03 点击右下角的"编辑工具箱"按钮,进入"调整"界面,设置❶"曝光"为13、❷"高光"为 –30、❸"阴影"为 –22,增加画面的亮度和影调层次,如图 9-42 所示。

▲ 图 9-42 增加画面的亮度和影调层次

步骤 04 继续在"调整"界面中，设置❶"自然饱和度"为52、❷"锐化"为33，增加画面的色彩浓度和锐度，如图9-43所示。

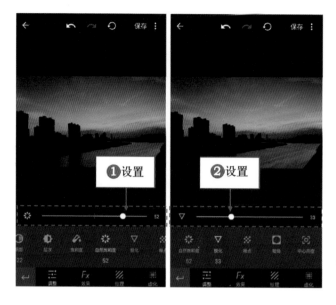

▲ 图 9-43 增加画面的色彩浓度和锐度

步骤 05 ❶在"效果"选项区中找到"天空"效果，展开后在其中点击 S6 效果缩略图，❷再次点击 S6 缩略图，将"程度"设置为59%，增强天空的彩霞效果，如图9-44所示。

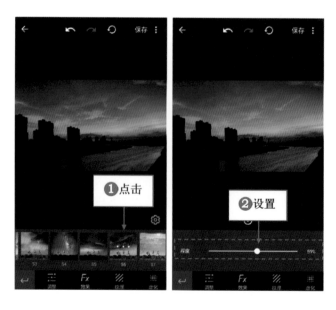

▶ 图 9-44 增强彩霞效果

第 10 章

旅行摄影，
多出去走走，有益于强身健体

很多老年朋友的子女在远方工作，社会上的空巢老人越来越多，尤其是生活在城市中的老人，生活圈非常小，难免会感到寂寞。摄影活动可以帮助老人们找到更多志同道合的朋友，带来更多的交流互动，对于消除寂寞感有很大的帮助。大家也可以经常一起外出旅行参加各种摄影活动，而且都有相同的爱好，交流时没有太多隔阂，同时拍照还可以记录旅途中的美好时光，与朋友们留下难忘的记忆。

10.1

【拍摄】：人在旅途，人景合一这样拍才美

　　对于喜欢摄影的中老年朋友们来说，掌握一定的户外摄影技巧，有助于在旅游中拍摄出更佳的照片。和家人朋友的旅行必不可少的就是给旅行留下一段记忆，所以要充分利用相机和手机相机来记录家人和朋友的点点滴滴，这些都可以作为永久的珍藏。

　　在旅途中拍摄人像时，要尽量寻找合适的场景，比如前景气球的点缀、背景的简洁等，如图 10-1 所示。

▲ 图 10-1 简单的天空作为背景更能衬托出主体

在拍摄人像时,需要掌握一定的构图技巧,中老年朋友们在构图时要注意安排好各个摄影元素,如人物的体貌特征、服饰和外景环境,以及当时的光线条件。在考虑到种种影响到照片环境的因素后,再进行构图。

如图 10-2 所示,将人物本身比较明显的线条结构安排在一条斜线上,可以带来新奇的视觉感受,使画面整体更有活力。

▲ 图 10-2 斜线构图画面给人新奇的感觉

总之,人像的拍摄可以从几个点着手,首先确定拍摄角度,而后确定拍摄的构图,然后摆好姿势,还可以增加一些道具来使画面更加生动。

面对同样的景物,为什么摄影师拍出的照片总是比普通人要漂亮?最重要的原因之一就是,他们选取的构图角度非常独特,他们总是或踮着脚,或蹲着,或趴着,甚至躺在地上拍摄,为了拍好照片,各种姿势用尽。

当然,中老年朋友们在拍摄人物题材时,如果也这样,难免会让路人觉得奇怪,而"手机 + 自拍杆"的组合就可以解决这些难题,可以帮您捕捉到独特的拍摄角度。中老年朋友们可以通过任意旋转来调整自拍杆的角度，找到最美的拍摄视角。如图 10-3 所示，与用手握手机自拍相比，使用自拍杆45° 进行自拍，可以实现瘦脸、遮双下巴、掩饰左右脸不对称等多重美颜功效，而且拍出来的照片可以让人显得更加高瘦。

▲ 图 10-3 使用自拍杆可以实现更加灵活的拍摄角度

专家提醒

当您和朋友在旅游时，没有自拍杆的话，只能寻求路人帮助来进行合影，当然照片的质量就只能掌握在别人手中了。自拍杆就可以帮您解决这个难题，当然，合影时还需要适当调整自拍杆的长度，拍摄时不要距离太近，要适当调整拍摄角度，将身边的美景都收纳于合影中。

【拍摄】：人文摄影，让摄影回归岁月之美

10.2

如今爱好旅行和摄影的中老年朋友们已经不再满足于记录"到此一游"的照片了，而更加热衷于旅途中的人文景象记录，使旅行摄影变得更具有意义。因此，学会拍摄旅途的风土人情也是摄影必须掌握的技巧。

要想用照片描绘出人文摄影的特色所在，就需要在用光上花费一些功夫，光线用到位了，才能突出人文照片的特色。

1 拍摄当地特产

旅行中在拍摄经过精心设计的特产时难以分辨出是什么，因此在拍摄此类经过"改装"的特产时，可以将海报也凸现在画面中加以说明。

在拍摄当地特产构图时，画面要保持简洁。如图 10-4 所示，拍摄特色美食时，采用中央构图法，将主体对象置于画面中央，而且占据非常大的面积，使人的视线能一眼投向主体。

▲ 图 10-4 拍摄特色美食

2 拍摄特色服饰

如图 10-5 所示，拍摄的是一个穿着民族服饰的小姑娘，需要高清对焦，而且在室内拍摄时建议选用 35mm 的镜头，突出衣服的重点。

◀ 图 10-5 拍摄
特色服装

3 拍摄风俗活动

在户外拍摄大型的风俗活动时通常采用全景拍摄。如图 10-6 所示，是采用全景拍摄的风俗活动，凸显了风俗活动的强大气场。另外，红色的背景加上 Z 字形的构图，使画面更具有视觉冲击力。

▶ 图 10-6 全景
拍摄的风俗活动

拍摄市井生活

4

美丽的风景被大多数人认可,只要细心就会发现,其实在我们生活中也有许许多多"美丽"的事物。如图 10-7 所示,拍摄者采用借物喻人的手法,一张木椅,一杯浓茶,虽然画面中没有人,但仍然可以透露出恬静自然的田园生活,仿佛在暗示着我们应该找寻一处静谧的地方,没有太多纷扰,安静地陪伴家人,欢聚美好时光。

▲ 图 10-7 拍摄市井生活

【拍摄】:边走边看,留住每一个精彩瞬间

人们常说最美的风景在路上,前往心仪已久的旅行目的地,往往要经历漫长的旅途,在交通工具非常发达的今天,中老年朋友们可以边走边拍,以独特的拍摄视角记录下平日里难得一见的旅途风光。

10.3

外出旅行是摄影爱好者很享受的一个过程,因为在沿途不仅会遇见各种不一样的美景,还能遇见形形色色的人,拍摄这些人或景对于热爱摄影的中老年人来说,是一个非常美好的过程。

另外，也需要学会解决一些拍摄常见的问题，比如说，克服路面颠簸的技巧、如何对窗外的景色对焦、怎么抓拍转瞬即逝的风景和抓拍汽车与道路的合影等。

在汽车上拍摄，最大的难点就是因汽车在不断行驶中会不断抖动，从而导致画面不清晰。因此，在汽车上可以使用"运动 + 连拍"模式拍摄，然后从中选取一张画面最清晰的照片。如图 10-8 所示，是使用"运动 + 连拍"模式拍摄的路途中的风景。

▲ 图 10-8 使用运动 + 连拍模式在汽车上拍摄的风景

当中老年朋友们在汽车上拍摄窗外景色时，可以设置风景模式，风景模式会自动选取最近的被摄主体进行对焦。同时，采用透视构图，选择最小光圈对被摄主体进行曝光，并增加其景深，可以获得更加清晰的照片效果，使马路呈现出一种流动感。

在旅途中乘坐火车、高铁的时候，同样会有各种各样的事和物值得去拍摄。在交通工具上拍摄时也不能盲目地取景，需要掌握一定的拍摄技巧。比如，如何选择合适的拍照座位、如何避免玻璃的反光、怎么拍摄窗外的景色和火车内的抓拍等。在拍摄飞驰中的火车时，由于其在高速运动着，所以需要将快门设置为高速快门，并设置高感光度，然后根据实际情况设置合适的光圈值。如图 10-9 所示，采用斜线构图的手法，体现出运行中的高铁的动感。

◀ 图 10-9 拍摄
飞驰中的高铁

在机场可以看到各种各样的客机，同时也有机会看到刚刚起飞和正在降落的飞机，此时可以用手机记录下平时看不到的飞机的状态。如图 10-10 所示，飞机在落地后，在跑道上逐渐减速，最后停在终点处。从侧面展现出了飞机近大远小的透视感，很好地形成了整体，具有非常强的科技感。

▶ 图 10-10 拍摄
停止的飞机

10.4　【拍摄】：扫街抓拍，记录每一次出行见闻

说到摄影时扫街，肯定会遇到各种各样的人，当然也包括各种让人眼前一亮的、有意思的街头画面。中老年朋友喜欢散步，如果能够掌握一定的街拍技巧，就能拍出许多更有意思的照片，用来记录旅行的过程。

1　抓住大街上的"视觉符号"

"视觉符号"虽然是一个比较抽象的概念，但是中老年朋友们可以将大街上各种景物抽象化，如电线杆、交通信号灯、广告牌、标志以及涂鸦等，标记下这些街道上的趣味元素，着重刻画其中的线条、光线以及色彩等符号，让街拍照片更加有特色。

如图 10-11 所示，路灯孤独地耸立在街旁，成为一个比较明显的"视觉符号"，同时画面运用仰视的角度拍摄，将广阔的天空作为背景，可以令人回味，产生遐想。

▶ 图 10-11　拍摄独特的路灯

2　独特、难见的拍摄视角

街拍时，中老年朋友们可以运用一些比较独特的拍摄视角，如高角度俯拍、低角度仰拍以及独特的平视等拍摄角度，突出街拍作品的艺术效果，使其比现实生活更加完善、表现更强烈、场景更典型。

如图 10-12 所示，采用平视拍摄角度，可以扩大画面的取景范围，将马路、草坪和远景中的山都纳入画面中；同时加入了斜线透视，让欣赏者的视线延伸到左侧的人物身上，突出画面的主体。

▲ 图 10-12　独特的拍摄视角展现完整的街景特征

3　街拍的错误和注意事项

街拍其实并不难，但也不容易，过多的生活化场景，很可能让照片看上去比较"俗气"，而且画面显得非常杂乱，这些都是新手比较容易犯的错误。下面总结了一些手机街拍的错误和相关注意事项。

（1）拍摄距离不恰当。如果是街拍人物，很多人往往比较羞涩，只敢站在比较远的地方拍，这样主体不明显，画面自然不美观。如图 10-13 所示，左图的拍摄距离太远，主体不明显；而拍摄右图时，通过靠近主体，或者调整焦距、使用变焦镜头等，增加主体在画面中的比例，从而更好地突出了主体。

▲ 图 10-13 街拍时把握好距离

（2）**滥用大光圈**。街拍时如果使用大光圈模式拍摄，画面很容易发虚，让人看不清楚是在哪里拍的。因此，如果不是刻意追求一些极端的拍摄效果，则不建议使用大光圈模式，否则效果容易适得其反。

（3）**拍摄主题不明确**。很多人在拍照前没有进行构思，将大街上过多的元素都被纳入了镜头中，很难找到一个明确的主题。因此，中老年朋友们在拍摄前，需要想好自己要在大街上拍什么，可以在出门前就想好一个主题，这样拍摄时就不会毫无头绪，如图 10-14 所示。另外，拍摄时尽量不要多次拍摄同一个场景。

画面杂乱，主题不明确　　　　　　　画面简洁，主题明确

▲ 图 10-14 街拍的主题要明确

【拍摄】：生态摄影，记录旅途中的小动物

10.5

旅途中，经常会遇到一些可爱的小动物，中老年朋友们可以拿起相机或手机将它们萌萌的样子完美地定格下来，让旅途的心情更加舒畅。

如图 10-15 所示，在途中休息时，拍摄到的一只小狗，运用明暗对比的构图形式，将测光点放在前景的小狗身上，使背景成为一片漆黑的颜色，可以更好地衬托小狗的色彩，画面体现出一种戏剧性的张力感。

▲ 图 10-15 拍摄小狗

拍摄者可以将动物作为画面主体，而将其他的画面内容进行虚化处理，运用虚实对比的手法来突出主体。如图 10-16 所示，主体对象为金丝猴，而背景部分则几乎全部被虚化，从而增强了金丝猴主体的表现力。

◀ 图 10-16 拍摄
金丝猴

　　拍摄动物同样也要讲究一定的构图方式，但相比于植物来说就更加灵活
了，因为动物会一直走动。如果您无法掌控它的行踪，最好的办法就是拉近
镜头，推荐准备一个长焦镜头，为动物拍摄大头照特写。如图 10-17 所示，
拍摄者利用横画幅与特写相结合的构图方法拍摄大象的脸部，将镜头拉近，
特写有利于表现大象面部的神态，让画面更有趣味性。

▶ 图 10-17 拍摄
大象的脸部

在拍摄动物时，它们显然不会停下来摆好姿势等您按快门，因此，拍摄者应提高相机的快门速度，否则动物走动会导致画面变虚，用高速快门进行取景构图可以捕捉动物的精彩瞬间。抓拍鸟类瞬间时，可以通过判断鸟儿的动作和运动方向来选择适当的构图形式，并且使用高速快门刻画出鸟儿飞翔时的优美姿态，而且采用纯蓝色的天空作为背景，也避免了画面过于单调，如图 10-18 所示。

▲ 图 10-18 拍摄鸟儿飞翔时的姿态

【拍摄】：建筑摄影，打造精美的建筑大片

10.6

　　在一些古镇、城市、公园等地方游玩时，总能看到各种具有地域风格的特色建筑，此时您不妨拍下来。拍摄当地的特色建筑时，中老年朋友们可以选择地标、特色民居以及各地独特的景致等景物，如图 10-19 所示。

充满人文气质的雕像

韵律感极强的佛塔

独特的景区石碑

非常形象的景点标志建筑

▲ 图 10-19 拍摄独特的景致建筑

　　如图 10-20 所示，在拍摄水乡古镇时，①可以充分借用水这个元素，使画面更具表现力，展现不一样的古镇建筑魅力；②拍摄时可以对水面进行测光，并多多尝试斜侧面的拍摄角度，使画面中的建筑有近大远小的透视效果。

　　如图 10-21 所示，采用仰拍方式拍摄的城市高楼建筑，用蓝色的天空作为背景，呈现出一种高耸入云的视觉效果。

▲ 图 10-20 拍摄水乡古镇

▲ 图 10-21 拍摄城市高楼建筑

【后期】：使用 Photoshop 处理 "流光车影的转盘"

如图 10-22 所示，要拍好这个圆形的转盘，还必须找到一个比较高的地方，这张照片是作者爬上 30 层楼的楼顶拍摄的。夜幕到来后，待路上的车流比较多时，打开手机的慢门拍摄模式，在主界面中调出镜头模式菜单，选择 "流光快门" 镜头模式中的 "车水马龙" 拍摄模式即可。

选择好合适的拍摄模式后，由于长时间曝光需要保持手机稳定，手持肯定不合适，因此三脚架必不可少，将手机稳定在三脚架上。手机的三脚架通常比较小巧，移动起来也非常方便，因此我们完全可以装好后再进行构图、对焦以及测光等一系列工作。然后按下快门开始曝光，在曝光的同时可以即时查看画面效果，达到满意效果后再次按下快门即可完成拍摄。

▲ 图 10-22 "流光车影" 的转盘夜景

主要构图为椭圆形构图和交叉斜线构图，如图 10-23 所示。由于拍摄角度的关系，原本是正圆形的转盘到了照片上变成了椭圆形，不过，这样可以更直接地表达主题——转盘，也更容易创造引人关注的图像。椭圆形构图有着强大的向心力，把圆心放在视觉的中央，圆心就是视觉中心。

▲ 图 10-23 主要构图

另外，左上方的两条道路相互交结在一起，形成了一种交叉斜线的复合构图形式，在增强画面形式感的同时，也可以产生动感，让车流光影的画面充满活力和动感，为画面带来新的视觉感受。

在后期处理中，主要运用 Photoshop 的 "曝光度" 和 "曲线" 命令调整车流灯轨的影调，让光影更加迷人。

步骤 01 选择 "文件" | "打开" 命令，打开一幅素材图像，如图 10-24 所示。

步骤 02 在 "图层" 面板中，新建 "曝光度 1" 调整图层，设置 "曝光度" 为 0.5、效果如图 10-25 所示。

▲ 图 10-24 打开素材图像   ▲ 图 10-25 调整曝光度

步骤 **03**　　新建"色相 / 饱和度 1"调整图层，在打开的"属性"面板中设置"饱和度"为 35，效果如图 10-26 所示。

步骤 **04**　　新建"曲线 1"调整图层，添加一个曲线点，设置"输入"为 99、"输出"为 132，效果如图 10-27 所示。

▲ 图 10-26 调整色相 / 饱和度

▲ 图 10-27 调整曲线

步骤 **05**　　❶按 Ctrl ＋ Alt ＋ Shift ＋ E 组合键，盖印图层，得到"图层 1"图层；❷设置"图层 1"图层的"混合模式"为"柔光"、"不透明度"为 60%，如图 10-28 所示。

步骤 **06**　　增加画面的明暗对比，突出路面上的车流灯光，效果如图 10-29 所示。

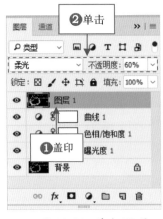

▲ 图 10-28 盖印图层

▲ 图 10-29 最终效果

【后期】：使用 MIX 滤镜大师处理 "烽火赤壁"

10.8

如图 10-30 所示，拍摄的是 AAAA 级旅游景区三国赤壁古战场。这里是一个带孩子了解三国历史、培养孩子历史观的绝佳教育基地,从那些斑驳的历史遗存中,可以感受到历史的厚重和沧桑。

▲ 图 10-30 "烽火赤壁"

照片的主要构图为水平线构图、仰视构图和侧面构图，如图 10-31 所示。近距离拍摄古建筑，很难将建筑的细节拍入镜头中，此时从侧面拍摄往往可以将主体纳入，用这个方法，可以将建筑最大限度地收进画面里。拍摄时可以选择从建筑的左下方，对建筑进行仰拍，取景时，可以将天空当作背景，将主体放在画面中央位置。

▲ 图 10-31 构图解析

后期主要运用 MIX APP 的魔法天空滤镜调出乌云密布的天空效果，增强画面的紧张感，体现出赤壁之战时的危险和激烈的气氛。然后通过"色调分离"功能加强高光和阴影部分的色调效果，进一步展现出激烈的战场气氛。

步骤 01 打开 MIX APP，在主界面中选择"编辑"功能，打开素材照片，❶点击下方的"滤镜"按钮；❷在滤镜菜单中选择"魔法天空"选项；❸展开后在其中点击 M209 滤镜，如图 10-32 所示。

▲ 图 10-32 选择相应的滤镜

步骤 02 ❶在底部菜单中点击"编辑工具箱"按钮,在工具栏中选择"色调分离"选项,设置阴影区域的"色相"为220°、"饱和度"为55;❷设置高光区域的"色相"为258°、"饱和度"为37;❸设置"平衡"为18,如图10-33所示。

▲ 图 10-33 调整"色调分离"参数

【后期】:使用 MIX 滤镜大师处理"畅游雪乡"

10.9

这张照片是在长白山景区的大门口拍摄的,作者每到一个景点的习惯就是首先拍大门。大门是一个景区的标志性建筑,充满了代表景点的设计感,如图10-34所示。

照片的主要构图为正面构图、前景构图,如图10-35所示。正面构图可以将大门的结构完整地记录下来,拍摄时平行取景,即取景镜头与拍摄物体高度一致,可以展现画面的真实细节。另外,前景的树与白色的积雪形成了明暗对比,增强了画面的层次感,同时也突出了主体。

▲ 图 10-34 "畅游雪乡"

▲ 图 10-35 构图解析

　　漫天的雪花铺天盖地而来，画面会变成一片纯白，拍摄时可以适当曝光补偿，避免画面发灰，还原雪景的白色，展现浪漫的雪景风光。

　　这张照片的色彩比较暗淡，尤其是建筑部分的色调特点不明显，在后期可以运用 MIX APP 的复古滤镜进行调整，让仿古建筑大门增添几分古香古色的味道，同时利用"纹理"功能模拟下雪的场景，完善画面的意境美。

　　步骤 01　　打开 MIX APP，在主界面中选择"编辑"功能，打开素材照片，点击右下方的"编辑工具箱"按钮，如图 10-36 所示。

步骤 02 在底部工具栏中选择"效果"选项，如图 10-37 所示。

▲ 图 10-36 点击"编辑工具箱"按钮

▲ 图 10-37 选择"效果"选项

步骤 03 执行操作后，进入"效果"界面，在"效果"菜单中选择"复古"效果，如图 10-38 所示。

步骤 04 ❶这里所选择的是 R2 复古色调，照片的亮度稍微提高了些，建筑的色彩也更淡，❷再次点击效果缩略图，设置"程度"为 65%，如图 10-39 所示。

步骤 05 在底部工具栏中选择"纹理"选项，在其中选择"天气"效果，我们可以点击不同的效果样式，查看并找到合适的"天气"模拟效果，如图 10-40 所示。

步骤 06 ❶这里选择的是 W2 天气效果；❷再次点击效果缩略图，设置"程度"为 88%、"旋转"为 36°，为画面添加模拟下雪的效果，如图 10-41 所示。

▲ 图 10-38 选择"复古"效果

▲ 图 10-39 选择并调整效果程度

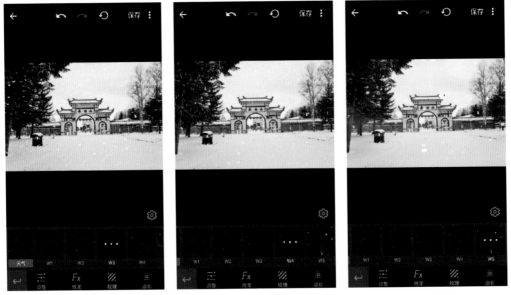
▲ 图 10-40 "天气"模拟效果

▲ 图 10-41 为画面添加模拟下雪的效果

第 11 章

美食摄影，
记录下令人垂涎的美味佳肴

　　如今摄影已经成为生活的一部分，很多中老年朋友都喜欢拍摄身边的美食。很多人都想把美食拍摄得更加诱人，却不知道如何拍摄。拍出来的食物远没有达到自己想要的效果。因此掌握适当的拍摄美食的技巧就非常必要了，它能使你拍摄的美食更加漂亮、更加吸引人。

【拍摄】：错落有致，注意摆放顺序和位置

拍摄美食看似很简单，只要按下快门，一张美食图片就拍摄好了。但事实上，美食的拍摄又并非如此简单，如果毫无章法地拍摄美食，很难得到一个很好的效果，所以，拍摄简单的食物，也是需要掌握基本技巧的。

在摆放美食的时候，要讲究错落有致，随意摆放的食物虽不能说完全拍不出好看的照片，但难免太过凌乱。尤其是在拍摄多种食物的时候，尤其要注意食物摆放的顺序和位置。

在拍摄单个食物的时候，食物的摆放也不能太过随意，可以根据食物本身的形状来选择其摆放的方式或位置，也可以根据盛装该食物的容器的形状，选择该食物的摆放方式。拍摄单个食物时，可以设置背景来衬托，也可以单独进行构图拍摄。如图 11-1 所示，拍摄的单个食物就是根据盛装的容器进行构图摆放的，而且米饭上绿色青菜的摆放也成为整张图片的大亮点，为整张图片增色不少。

▲ 图 11-1 单个食物拍摄的摆放

　　在摆放多种美食时，必须按照一定的规律进行排列，如直线、曲线或者整齐叠放等，这样比较容易给欣赏者带来美感。如图 11-2 所示，多种美食依次摆放可以体现出一种有次序的美感。

▲ 图 11-2 排列规整的食物

【拍摄】：打破常规，尝试独特的拍摄视角

11.2

　　在拍摄美食的时候，中老年朋友们可以尝试从不同的角度去拍摄，如正面、侧面、背面、顶部或者底部等，全方位地展示美食的整体或者细节特征，如图 11-3 所示。

平视拍摄可以突出细节特征　　　　俯视拍摄可以展现整体风貌

▲ 图 11-3 用不同的角度拍摄美食

从不同角度对景物进行拍摄可以得到不一样的效果，所谓"横看成岭侧成峰，远近高低各不同"，拍摄美食也是如此。长期使用一个角度拍摄的食物终究是很难有亮点的，如果换一个角度去拍摄，就会发现食物不一样的美感。所以，在拍摄美食的时候，一定要记得以多个角度去尝试。

拍摄美食也可以打破常规，无须循规蹈矩，可以将拍摄的食物斜放，以此来获得独具特色的效果。如果将美食直接摆在中间，横放或竖放，未免太没有新意了，不妨将美食斜线放置，这样的画面不仅打破了常规，而且还具有不一样的斜线美，同时采用景深的构图方式能起到突出主体的作用。如图11-4所示，就是采用从左上到右下的斜线式摆放拍摄方式。

▲ 图 11-4 左上到右下斜线构图

美食斜线构图除了左上到右下以外，还可以从左下到右上摆放拍摄，一般来说，从左上到右下虽然比较符合人的视觉习惯，但从左下到右上的斜线构图，却可以给人以另一种独特的感受，如图11-5所示。

▲ 图 11-5 左下到右上斜线构图

【拍摄】：表达主题，更好地展现美食特性

　　拍摄美食时，不管是不是有意想要表达什么，或只是记录某一件事情，都有一个主题深藏在美食图片之中，所以，如果想让拍摄的美食更有生命力，就需要中老年朋友们更好地把握美食的主题，只有这样，才能更好地展现食物的特性。

11.3

展现形式美感

　　形式，就是拍摄者拍摄的美食形状及其构造。

　　拍摄美食的人，从对美食的热爱到拍摄美食的这一个过程，或多或少有一定的审美因素在其中。每一种食物都有自己独特的美，拍摄美食要从美食本身的形状和构造上面下功夫，把握其构造，突出其形状，就可以在拍摄的时候，拍出好看的美食图片。如图 11-6 所示，为利用美食本身形式拍摄的图片。

> 拍摄美食时，要注意突出美食本身的特征，而不能一味地想着利用环境，环境固然重要，但美食本身具有的特性才是最自然最原始的美。
>
> 利用好美食的形式进行拍摄，能够让美食图片发挥出巨大的诱惑力。

▲ 图 11-6　利用美食本身形式拍摄的图片

2　展现丰富色彩

人在看事物的时候，注意得比较多的就是事物的色彩，色彩艳丽或色彩丰富的事物往往格外引人注目，拍摄美食与此同理，要对美食的色彩加以突出。在拍摄美食时，合理的色彩搭配，能够让美食图片的色彩更加优化和更富有层次感。如图 11-7 所示，在浅黄色的食物上添加一些绿色的香葱，瞬间就会丰富美食的色彩，使画面更具层次感。如果拍摄者想让美食颜色更亮丽，也可以使用相应的滤镜来加深美食颜色。

◀ 图 11-7　色彩互补
增加美食层次

拍摄美食时，要注意利用好美食本身的特征，而不能一味地想着利用环境，环境固然重要，但美食本身具有的特性才是最自然、最原始的美。

利用好美食的形式进行拍摄，能够赋予美食图片巨大的诱惑力。

3 展现独特质感

拍摄美食时，可以利用美食本身具有的质感来拍摄。如图 11-8 所示，采用微距的构图方式，近距离展现美食的细节纹理，图片在展现质感的同时，也能让欣赏者觉得拍摄主体更真实。

▲ 图 11-8 展现美食独特之感

4 突出美食特征

任何事物都有区别于其他事物的特点，美食也一样，不同美食具有不同的特点，在图片中呈现的效果也就不一样。比如，火锅的特点就是红火热闹，能容纳万物，拍摄火锅时，就要将它的红热和包容性展示出来。

如果只是单单将拍摄物体纳入镜头，而不去考虑它的特征，那样拍摄出来的图片未免太过平淡，又毫无亮点，图片呈现的效果自然也就很一般。

想要突出美食的特征，可以寻找美食最具有代表性的细节进行拍摄，采用部分突出整体的方式，集中性地表达美食的特征，也能够加深观众对于美食的认识。

拍摄美食局部特征要注意以下几个方面。

（1）构图简洁，切勿背景杂乱。

（2）采用特写时最好使用微距镜头，减少对焦不准确的失误。

（3）对拍摄的美食部位进行打亮处理，使观众的视线得以集中。

（4）选择的局部要具有代表性。

突出美食特征的拍摄案例如图 11-9 所示。

▲ 图 11-9 突出美食特征的拍摄案例

该图所示的是一块比萨饼的局部特写，通过对比萨饼"拔丝"这一细节的精确展示，就能让观众联想到比萨饼松软香脆的口感，同时，比萨饼局部的展示也将整体的特点展示了出来——奶酪香醇，口感绵实，肉质鲜嫩，蔬菜新鲜。

【拍摄】：展现创意，拍摄特色材质的物体

11.4

　　拍摄美食时也不能忘了那些与之相关联的物品，比如盛装美食的碗碟、杯子，又或是材质特殊、造型特殊的美食装饰物，这些不同于一般美食的物品能让画面更加具有独特性和创造性。

1　　拍摄美食的器皿

　　在日常生活中可以经常看到用玻璃器具盛装的美食，玻璃因其本身材质透明，而成为许多拍摄者争相拍摄的器物。

　　用玻璃材质盛装的美食受到玻璃材质的影响，而形成了一种通透感，这种通透感在镜头里就会呈现出反光的效果，而适当的反光效果不但不会使美食失色，反而会增加食物的美感。

　　拍摄透明的玻璃器皿时要注意用光的技巧。

　　（1）多使用侧光拍摄，展现玻璃器皿的质感。

　　（2）将光线布置在拍摄物体后方，使拍摄主题更为突出。

　　拍摄透明玻璃器皿的案例如图 11-10 所示。

▶ 图 11-10 透明玻璃器皿

透明的玻璃器皿因其本身的特点，所以盛装任何颜色的美食都可以很好地展示美食本身的特色，而不会因为器皿的颜色而影响了食物的质感，相反，玻璃的通透还能给食物的拍摄锦上添花。

陶瓷器皿都带有温润的质感，使用陶瓷器皿盛装的美食在无形之中也具有温润之感，所以拍摄陶瓷器皿盛装的美食也能呈现出别致的效果。不过拍摄陶瓷器皿也不容易，陶瓷本身材质特殊，所以在拍摄时要注意以下几点。

（1）陶瓷器皿本身并无光泽，所以在拍摄时要注意光线的处理，最好使用散射光，对陶瓷器皿进行大面积照明，而使用测光也可以增加陶瓷器皿的光泽度。

（2）由于陶瓷材质本身有透明的性质，容易反光，所以在运用光线时最好将光线布置在器皿后面，更有利于拍摄出陶瓷的温润质感。

（3）拍摄的背景要干净简洁，如果实在无法控制背景，也可以利用大光圈，虚化背景，使拍摄主体更加突出。

拍摄的陶瓷器皿如图 11-11 所示。

▲ 图 11-11 拍摄陶瓷器皿

2   拍摄吸光的美食对象

吸光的美食主要包括柠檬、红白萝卜、木瓜、芹菜、土豆、香菜、油菜、茄子、紫菜、田螺、菠菜、无花果、韭菜以及红豆等,虽然这一类食物拍摄出来相对来说光线比较暗,但只要光线处理得当,却也能呈现出特殊的质感,如图 11-12 所示为土豆丝。

▲ 图 11-12 吸光的土豆丝

由于食材本身具有吸光性,所以光线质地要硬,换句话说,就是要采用硬光对吸光食物进行拍摄,但光线又不能太硬,以免拍摄出来的食物光泽太过生硬,所以,最好配合柔光罩一起使用。

【拍摄】:微距拍摄,获得丰富的美食细节

11.5

微距,顾名思义,一是拍摄的物体都非常微小,二是拍摄距离非常近。而超级微距则比普通微距所能体现的细节更细,也更清晰。在摄影中,也要注意对细节的挖掘,只有这样才能够从不同的角度展现相同食物不一样的美感。很多以照相功能著称的手机都具有"超级微距"功能,不仅可以帮助手机完成单反相机的微距拍照工作,而且可以拍摄出画质上佳的微距照片,手机超级微距功能如图 11-13 所示。

例如,OPPO 系列的 OPPO Find 5、OPPO Find 7、OPPO N1、OPPO N3、OPPO R7、OPPO R7 Plus 以及 OPPO R7s 等机型都具有"超级微距"功能,

一般智能手机则需要利用特殊的外加镜头来实现微距的拍摄。在拍摄时，一定要尽可能地展现被摄对象的细节，这样，才能帮助观赏者探索事物的未知美。这种方法，特别适合拍摄食物微小的细节。

如图 11-14 所示为一盘美食，拍摄者抓住了食物上面绿色的辣椒这一细节，将食物细节部分展现出来，引发欣赏者去细看，探索食物上的小秘密。

◀ 图 11-13 OPPO 手机里的超级微距功能

▶ 图 11-14 使用手机超级微距功能拍摄的美食照片

如图 11-15 所示为一盘豆腐,采用微距模式拍摄,可以将白色的碗虚化掉,让主体对象更突出。

微距拍摄的技巧如下。

（1）保证光线充足,使美食照片可以获得准确的曝光。

（2）拍摄时稳定好手机,使美食照片的细节之美得到完美展现。

（3）采用合适的构图手法,精准对焦,清晰成像。

▲ 图 11-15 微距构图法拍摄美食

（4）在拍摄时,一定要尽可能地展现被摄对象的细节,这样,才能帮助观赏者探索事物的未知美。这种方法,特别适合拍摄食物微小的细节。

【拍摄】：使用滤镜，增强美食视觉冲击力

11.6

滤镜是可以营造图片的各种特殊效果的软件，之前主要是 Photoshop 里的效果配件，但如今，随着摄影的发展和手机拍照功能的不断进步，很多相机和手机本身都自带了不少的滤镜功能，而且这些滤镜功能的操作使用都十分方便，大大方便了摄影的后期处理，如图 11-16 所示。

如今的拍照滤镜早已经不仅仅局限于手机自带了，众多的图片处理 APP 中的滤镜功能也十分强大并且丰富，如图 11-17 所示。

▲ 图 11-16　手机相机自带的滤镜特效　　▲ 图 11-17　使用暖色滤镜拍摄美食照片

　　尤其是在用手机拍摄美食照片时，这些滤镜可以为美食增色不少。如图 11-18 所示，为使用 LOMO 滤镜组中的暖色滤镜拍摄美食，为画面带来了更鲜艳的色彩，增添了视觉上的吸引力。

▲ 图 11-18　暖色滤镜拍摄的美食

【后期】：使用 Photoshop 处理"美味南瓜饼"

11.7

如图 11-19 所示，这张照片拍摄的是一道"美味南瓜饼"，既好吃又好看，实乃人间美味啊！

▲ 图 11-19   "美味南瓜饼"

主要构图方式为特写构图、多点构图、色彩对比构图和虚实对比构图，如图 11-4 所示。采用平视角度拍摄美食的特写，得到小景深的画面效果，背景被虚化，主体更加突出。利用顺光不但可以展现出南瓜饼的色彩，而且上方绿色的菜叶也显得更加通透，如图 11-20 所示。

▲ 图 11-20   构图解析

专家提醒

在拍摄美食时,要尽可能靠近被摄物体,这样的话，主体与背景间的距离就会增加，就比在远处拍摄时的虚化要好。

在拍摄南瓜饼这种美食时，由于食物本身的整体性不强，而且色彩比较单一，因此厨师在上面撒上了绿色的香菜叶子和白色的面包糠作为点缀，让画面效果更加丰富。因此，中老年朋友们在拍摄时，要注意取景的位置以及光线的角度，二者处理得当，才能够展现出南瓜饼的色泽和质感。

俗话说"色香味俱全"，对于美食来说，色是非常重要的元素。目前，该照片的整体色彩比较平淡，为了增加画面的吸引力，使美食更加诱人，后期主要利用 Photoshop 的"自然饱和度"命令调整美食图像的饱和度，使其色彩更加艳丽、动人。

步骤 01 　选择"文件"|"打开"命令，打开一幅素材图像，如图 11-21 所示。

步骤 02 　在菜单栏中，选择"图像"|"调整"|"自然饱和度"命令，弹出"自然饱和度"对话框，设置"自然饱和度"为 26、"饱和度"为 5，如图 11-22 所示。

▲ 图 11-21 打开素材图像

▲ 图 11-22 设置各参数

步骤 03 单击"确定"按钮，即可调整图像的饱和度，如图 11-23 所示。

步骤 04 选择"图像"｜"调整"｜"亮度 / 对比度"命令，弹出"亮度 / 对比度"对话框，设置"对比度"为 32，单击"确定"按钮，增强画面的明暗层次感，如图 11-24 所示。

▲ 图 11-23 调整图像的饱和度

▲ 图 11-24 最终效果

【后期】：使用黄油相机 APP 处理"可爱糕点"

11.8

在拍摄美食时，可以赋予食物"生命"，让食物"活起来"，比如添加一些可爱搞怪的表情，就可以使美食图片充满创意，同时也能使美食主体具有人的情绪，更加有趣生动。在拍摄前期可以直接将表情画在食物上，如鸡蛋、椰子之类。如果在前期无法对图片进行创意性改造的话，也可以在后期通过对图片进行个性化处理，比如用黄油相机 APP 就可以为食物添加表情，如图 11-25 所示。

后期的具体步骤如下。

步骤 01 打开黄油相机 APP，选择相应图片，❶点击"元素"按钮，进入编辑界面；❷选择"图形"选项，如图 11-26 所示。

▲ 图 11-25 "可爱糕点"

▲ 图 11-26 点击"元素"按钮，选择"图形"选项

步骤 02 　　❶点击界面中的"购物车"图标，进入表情购买商店；❷在购买商店中选择相应表情进行下载，返回编辑界面；❸对图片进行表情添加，如图 11-27 所示。

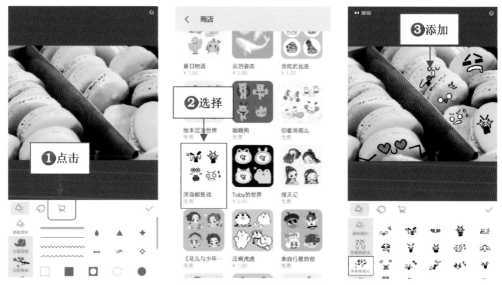

▲ 图 11-27 下载并添加相应的表情包

【后期】：使用美图秀秀 APP 处理"爽口黄瓜"

11.9

　　从某种意义上来说，照片并不一定越清晰越好。在照片的后期处理中，刻意添加模糊效果，可以为照片增加一些浪漫柔和的色彩，从而使照片的意境变得扑朔迷离、如梦如幻。在手机摄影中，除了在前期拍摄时利用景深构图打造虚实效果外，我们也可以利用后期 APP 来虚化照片背景，突出画面主体，如图 11-28 所示。

　　使用美图秀秀 APP，可以将拍摄的美食照片的背景制作成虚化效果，从而起到凸显照片主体的作用，具体操作方法如下。

▲ 图 11-28 "爽口黄瓜"

步骤 01 在美图秀秀 APP 中打开一张美食照片，点击左下角的"智能优化"按钮，如图 11-29 所示。

步骤 02 进入其界面，软件会自动检测照片，并使用"美食"模式调整照片参数，效果如图 11-30 所示。

▲ 图 11-29 点击"智能优化"按钮　　▲ 图 11-30 使用"美食"模式调整照片

步骤 03 确认修改后，点击底部的"背景虚化"按钮，默认进入"圆形"虚化界面。注意此时点击屏幕上的圆形框可以调整圆形虚化的大小和位置，如图 11-31 所示，用手指轻轻滑动即可改变虚化的大小。

步骤 04 执行操作后，即可添加圆形背景虚化效果，如图 11-32 所示。

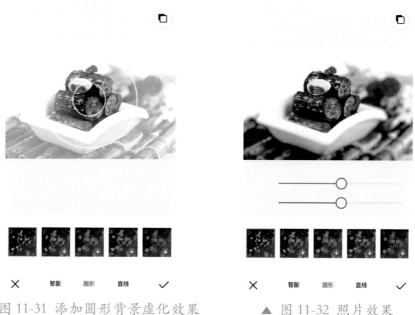

▲ 图 11-31 添加圆形背景虚化效果　　　　　▲ 图 11-32 照片效果

第 12 章

花卉摄影，
培养中老年人热爱生活的情趣

　　很多中老年人都拍过美丽的花朵，但是
很多人面对大自然中漂亮鲜艳的花卉时，都
不知道怎样拍摄，因此很难拍出理想的作品。
本章向爱好花卉摄影的中老年朋友讲解如何
拍出好看的作品。看完之后，面对花朵的时
候就不会犹犹豫豫，不知道用哪些方法来拍
摄花朵了。

12.1 【拍摄】：拍出美感，熟悉花卉摄影的构图原则

拍摄花朵对于中老年摄影爱好者来说还是比较合适的，在日常生活中总是会出现很多美丽的花朵。当然，并不是说随意按下快门就能得到一张好照片，首先拍摄者需要具有一定的审美能力，能够从花丛中找到最美的一朵，然后还需要掌握一定的拍摄技巧，再美的花在你的镜头中也会变成普通的花。

1 采用高角度近距离拍摄花朵

采用高角度近距离的构图方法是在拍摄花卉时经常用到的技巧，因为高角度不仅能够展现所拍花卉的全貌，还能够让花朵体现出蓬勃的生机。此外，采用近距离拍摄能更好地展现花卉的细节，如图 12-1 所示。

▲ 图 12-1 高角度近距离拍摄花卉

　　如图 12-1 所示，拍摄的花卉就能很清晰地看到花朵的全貌和花瓣里面的纹理脉络，这也是其他构图方式不太能够做到的。

2
　　　　　　　　　　　　　　　　　　色彩反差效果突出花卉主体

　　花卉原本就是色彩艳丽的事物，所以在拍摄花卉时，如果对花卉的色彩加以利用，就会使拍摄出来的图片更加惊艳。在拍摄花卉时，利用色彩的反差进行构图，将合适的颜色收入取景框，通过不同色彩的反差可以获得理想的花卉构图效果。

　　如图 12-2 所示，即是通过主体和环境的色彩反差形成的对比来表现画面独特美感的，丰富的色彩会使画面层次分明，具有较好的装饰性。

▲ 图 12-2 色彩反差构图拍摄的花卉

3 虚化背景衬托花卉画面质感

环境对于花卉拍摄的影响比较大，背景元素过多或者过于杂乱都会降低花卉的表达效果，因此拍摄环境应做到尽量简洁，可以利用大光圈进行拍摄，得到浅景深效果，虚化背景图像，突出拍摄主体，也更能体现花卉的质感，如图 12-3 所示。

▲ 图 12-3 虚化背景，突出主体

4 通过偏离中心强调花卉主体

在拍摄花卉的时候，如果将花卉单独放置在画面中心，很难实现使人眼前一亮的效果，但是，如果将拍摄的花卉放在偏离中心的位置，则能起到强调花卉主体的作用。比如，将花卉放在九宫格的四个趣味中心的某一点上，如图 12-4 所示。

▲ 图 12-4 偏离中心强调主体

 利用花卉整齐排列营造韵律感

　　排列整齐的花卉能够让整张图片体现出很强的节奏感和韵律感，能够让欣赏者有焕然一新的。这种拍摄方式适用于数量较多的花卉拍摄，相对于拍摄单朵花来说，拍摄排列整齐的花卉能使画面更富有层次感，如图 12-5 所示。

▲ 图 12-5 排列整齐的花卉拍摄

12.2

【拍摄】：拍出自然，了解花卉摄影的构图技巧

拍摄花卉除了最基本的构图原则之外，还有很多种不同的构图方式和技巧，如主体构图、平角构图、仰角构图、俯角构图、放射状构图、景深构图、特写构图、中心构图、九宫格构图、前景构图、斜线构图以及对角线构图等，下面重点介绍几种常用的花卉构图技巧。中老年朋友们如果想要学习完整的花卉构图方法，可以关注微信公众号"手机摄影构图大全"，查看"全面、细分的 22 种花卉构图技巧"文章。

1

主体构图：拍摄精致的花蕊

优秀的照片有 5 个标准：主题明确；主体突出；画面简洁；构图合理；颜色亮丽。作者首先分享一个拍花的经验，也是许多人拍不好花的一个问题，即许多摄友在拍摄花卉时，喜欢用远景和中景去构图，这样背景自然会很混乱，造成主体突出感不够。

因此，拍花的第一步骤，采用主体构图法，即聚焦主体，再具体一点，即只拍一朵花。摄影是做减法，而且这样也容易达到主题明确、画面简洁、构图合理、颜色亮丽的要求，如图 12-6 所示。

▲ 图 12-6 主体构图拍摄花卉

○ 2   **平角构图：简单的构图形式**

俗话说：大道至简，其实摄影也一样，不一定非得用高深的构图方法。平角构图就是指与被摄主体接近平视的角度构图取景。如图 12-7 所示，为拍摄者蹲下来，与花朵接近平行的角度拍摄，很简单的拍摄构图，主体构图加平角构图，一株小花绽放在眼前。

◀ 图 12-7 采用平角构图拍摄的花卉

○ 3   **特写构图：体现花卉的细节**

采用特写构图的方式拍摄花卉，能够使被摄者或主体细节有更好的体现，如突出某一方面的构图方式，更好地展现花卉的细节，如图 12-8 所示。

▶ 图 12-8 特写构图拍摄花卉

该图所拍摄的花卉图片能很好地展现向日葵花蕊的细节。此外，值得注意的是，特写构图应力求画面饱满。

斜线构图：扩展画面视野

4

斜线构图的应用也非常广泛，能够非常好地表现出透视关系以及纵深感，为画面增加动感，充分利用画面空间，如图 12-9 所示。

▲ 图 12-9 斜线构图拍摄花卉

该图中的主体毋庸置疑是大红花，加上以斜线构图的树枝，丰富了画面，在没有影响主体的情况下，斜线使画面更富有动感和节奏感。

残缺构图：增加画面新意

5

残缺构图是指只拍摄花卉某一部分的拍摄方式。相对于拍摄一朵完整的花来说，拍摄花朵的一部分会使图片更加富有新意，如图 12-10 所示。

▲ 图 12-10 残缺构图拍摄花卉

【拍摄】：摄影之美，展现绚丽多姿的美丽花卉

    花朵的美丽有很多种呈现方式和呈现状态，不同时间、不同地点以及不同种类的花朵，其展现的美都是不一样的，它可以很简洁，也可以很艳丽，总而言之，花卉的美丽不是单凭一两种方法就能够诠释的。

12.3

1   **简洁之美**

    看过了纷繁复杂的花卉图片之后，往往更想看简洁一点的画面，不需要太多的点缀，只是简单的一朵花的拍摄，画面简洁明了，也能让花卉展现出别样的极简美。如图 12-11 所示，拍摄者将画面背景变成全黑，不仅使画面更加干净，也让花变得更加醒目了。

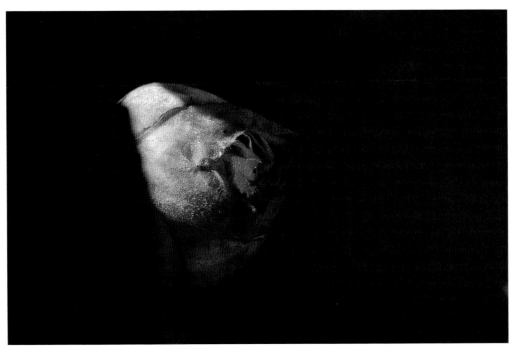

▲ 图 12-11 简洁之美花卉摄影

○ 2 瞬间之美

拍摄花卉在某一瞬间的形态也能让花卉图片变得十分出彩。

如图 12-12 所示，就是在雨后拍摄的花卉图片，雨过天晴，水珠残留在花卉上的那一瞬间，显得格外清新迷人。

▶ 图 12-12 瞬间之美花卉摄影

3

平凡之美

▲ 图 12-13 平凡之美花卉摄影

很多时候拍摄花卉并不需要许多额外的技巧或者是找到那些特殊、特别的花卉，一张图片是否好看，在大部分情况下与拍摄对象并没有太大的关系。所以，爱好花卉摄影的中老年朋友们也不妨拍拍身边平凡的花朵，也能发现不一样的平凡之美，如图 12-13 所示。

图 12-13 所示的主体就是日常生活中很常见的油菜花，但就是这样平凡的花朵，也能营造出别样的韵味和美感。

【拍摄】：创造环境，避免画面的背景过于杂乱

12.4

当拍摄的环境不佳时，中老年朋友们也可以自己布置一个拍摄环境，让花朵主体更加突出。例如，使用单色卡片作为花卉的拍摄背景，可以很好地解决背景杂乱的问题，同时，单色背景也可以很好地突出拍摄的花卉主体，一般来说，用得比较多的单色卡片是黑色和白色，但在使用黑、白色卡片的时候，要根据具体情况对曝光进行适当的调整，这样就能获得更好的图片效果，如图 12-14 所示。

该图所示的图片就是采用黑色的单色卡片作为背景的，从图中可以清楚地看出拍摄主体十分明确清晰，没有其他干扰元素，欣赏者一眼就能看清图片的主体，这是在其他环境背景中很难实现的。

▲ 图 12-14 单色卡片为背景拍摄花卉

此外，用黑色的卡片作为背景要注意，卡片与拍摄主体的距离不可太远，还要适当地减少曝光补偿，才能拍出自然的图片。

12.5
【拍摄】：添加陪体，让花卉照片更加生机勃勃

　　昆虫是自然界的小精灵，在拍摄花卉的时候经常能够遇见昆虫，如蜜蜂、蝴蝶和蜻蜓等在花朵旁边围绕着，也能看到它们停留在花朵上面。这个时候，如果拍摄时将昆虫也收入画面中，作为陪体来点缀花朵，会让画面显得更加生机勃勃，如图 12-15 所示。

在利用昆虫增加花卉图片生机的时候要注意，拍摄的昆虫不能在画面中占据过大面积，否则容易喧宾夺主。再者，昆虫比较敏感，所以最好是用三脚架固定手机，等待拍摄时机。

▲ 图 12-15 昆虫赋予花卉生机

专家提醒

　　拍摄花卉时经常采用微距拍摄的方式，但是，微距拍摄有一定的弊端，那就是对焦不太准确，会使想要拍摄的主体部分因为对焦不准确而变得模糊不清，而其他次要部分却变清晰了，这就是所谓的跑焦，要想减少跑焦现象的发生，可以采用焦点转移包围曝光法拍摄花卉。

　　焦点转移，其实也就是在拍摄的时候，不对拍摄主体进行对焦，而是利用跑焦这一特点对次要部分进行对焦，以达到主体清晰的目的。在使用焦点转移包围曝光法拍摄花卉的时候，最好是采用连拍模式，多拍摄几张，然后再挑选出效果最好的图片。

【后期】：使用 Photoshop 处理"含苞待放"

如图 12–16 所示，拍摄的是一朵含苞待放的桃花花苞。为了避开游人，拍摄者尽量选择近景特写。桃树的树枝曲直有韵，花团锦簇、冷香扑鼻，如诗如画。此时，拍摄者找到并拍下了两朵紧挨着的含苞待放的花苞，精致美丽，看起来马上要破裂似的。

▲ 图 12-16 "含苞待放"

主体构图为斜线构图和虚实对比构图，如图 12-17 所示。拍摄花苞时，首先找准主体，然后将其与倾斜的树枝一同拍摄，才能让画面富有动感和活力。同时，采用大光圈深度虚化背景的方法，可以将欣赏者的视线吸引到画面中心，从而达到从视觉上突出主体的目的。

▲ 图 12-17 构图解析

在拍摄不同色彩的花朵对象时,颜色的明暗表现也有很大的差异。例如,在拍浅色的花苞时,必须保证光线充足,减少照片中的暗部区域,这样可使景物的大部分色彩更加明亮,给欣赏者带来清淡、优雅的视觉感受。

在阴天拍摄出的照片往往会是灰沉沉的一片,这时可以使用"色相 / 饱和度"命令调整照片画面,使颜色变得鲜艳美丽。"色相 / 饱和度"命令可以精确地调整整幅图像,或单个颜色成分的色相、饱和度和明度,可以同步调整图像中所有的颜色。

步骤 01 选择"文件"|"打开"命令,打开一幅素材图像,如图 12-18 所示。

步骤 02 在菜单栏中选择"图像"|"调整"|"色相 / 饱和度"命令,如图 12-19 所示。

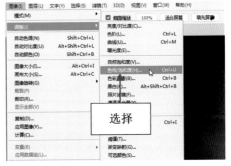

▲ 图 12-18 打开素材图像　　　▲ 图 12-19 选择"色相 / 饱和度"命令

步骤 03 弹出"色相 / 饱和度"对话框，设置"色相"为 –6、"饱和度"为 60，如图 12-20 所示。

步骤 04 单击"确定"按钮，即可快速改变图像色调，效果如图 12-21 所示。

▲ 图 12-20 设置各选项

▲ 图 12-21 最终效果

 【后期】：使用黄油相机 APP 处理"春暖花开"

在春暖花开的时节，采用中心构图拍摄花卉，如图 12-22 所示。中心构图就是将拍摄主体放置在画面的中心进行拍摄，中心构图最大的优点在于主体突出、明确，而且画面容易获得左右平衡的效果，达到构图简练的目的。拍摄花朵时，中心构图也是运用得非常多的构图方法，运用这种方法，构图精练，可以直接突出主体，如图 12-23 所示。

拍摄花卉时，如果画面只有单一的主体，而没有其他陪体，则可以想想是否采用中心构图法，中心构图法可以用在很多种拍摄方法中，比如拍花卉特写的时候，也可以采用中心构图的方式进行拍摄。

后期可以使用黄油相机 APP 为照片添加基本文字，让照片的主体更加突出，意境更加完美，操作方法如下。

▲ 图 12-22 "春暖花开"　　　　　　▲ 图 12-23 构图解析

步骤 01　　启动黄油相机 APP，点击主界面右下角的"选择照片"按钮 ⓞ，打开要添加文字的照片，如图 12-24 所示。

步骤 02　　❶点击"布局"按钮，进入"布局"界面；❷设置合适的画布比，为照片添加白边，并适当调整照片的位置和大小，如图 12-25 所示。

▲ 图 12-24 打开照片　　　　　　▲ 图 12-25 调整照片

步骤 03 ❶点击"元素"按钮，切换至"元素"界面；❷点击"文字"按钮，如图 12-26 所示。

步骤 04 之后双击文本框并输入相应的文字内容，如图 12-27 所示。

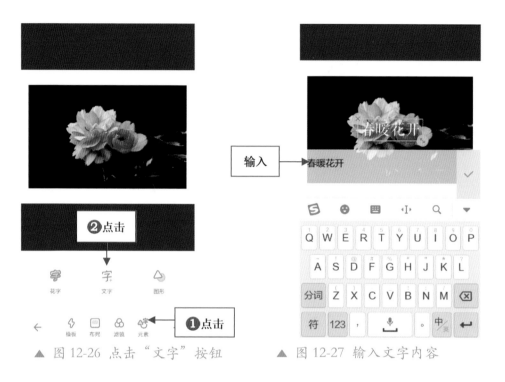

▲ 图 12-26 点击"文字"按钮　　　▲ 图 12-27 输入文字内容

步骤 05 在下方的功能区中，我们可以设置文本的字体、颜色、透明度、阴影、描边色、背景色、排列方向（横向、竖向）、对齐方式（左对齐、居中对齐、右对齐）、行间距以及字间距等，如图 12-28 所示。

步骤 06 点击商店图标 🛒，可以进入"商店"界面购买更多精美的文字模板，如图 12-29 所示。

步骤 07 保存并发布照片，最终效果如图 12-30 所示。除了已经讲到的给图片添加纯文字以外，用户还可以在照片上叠加文字内容。如地点、心情、品牌以及各种文字内容等，还可以对文字进行字体变换、颜色和阴影等多种个性化编辑处理，形成自己的特有模板，然后将印有文字的图片与好友进行分享。

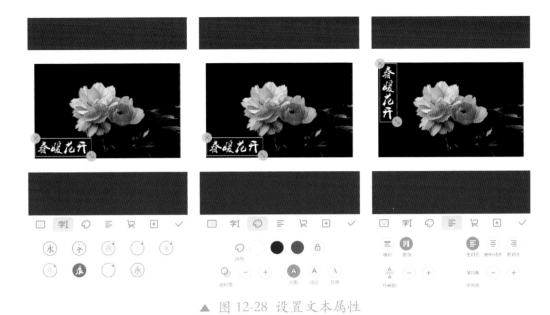

▲ 图 12-28 设置文本属性

▲ 图 12-29 文字商店　　　　　　▲ 图 12-30 发布照片

【后期】：使用黄油相机 APP 处理"出水芙蓉"

12.8

拍摄荷花，需要等到夏天，荷花的花期一般在 6—9 月，而且每日晨开暮闭。荷花的拍摄还有很多种不同的方法和技巧，比如借助背景虚化、借助光线照射角度、借助具体的构图方法等。这些方法和技巧都能够让荷花在镜头里有一个很好的呈现效果。例如，使用浅景深将荷花的背景虚化，可以让画面保持简洁，如图 12-31 所示。

▲ 图 12-31 "出水芙蓉"

黄油相机 APP 里有很多精美的文字幕版，可以让荷花图片上看上去更加文艺和精美，添加文字模板的具体步骤如下。

步骤 01 打开黄油相机 APP，选中相应的花卉图片，❶调整好尺寸和边框之后，进入"模板"界面；❷点击"更多模板"按钮，❸选择相应的文字模板，如图 12-32 所示。黄油相机商店里的文字模板按照场景或情绪的不同分为很多种类，用户可以根据自身图片的需要进行购买。

▲ 图 12-32 进入界面选择添加相应的文字模板

步骤 02 ❶添加好模板之后；❷双击图片模板上的文本框即可对文字进行修改，此外还可以修改文字的字体、颜色、大小或者字间距、行间距等，保存修改后，❸即可发布作品，如图 12-33 所示。

▲ 图 12-33 修改文字并发布作品